生涯学習社会と
農業教育

佐々木正剛 著

大学教育出版

生涯学習社会と農業教育

目　次

序　章　課題と方法 …………………………………… 9
第1節　本研究の課題と背景 ……………………………… 9
第2節　本研究の構成 ……………………………………… 12

第Ⅰ章　地域における農業・農村体験学習のあり方 …… 15
第1節　農業・農村体験学習の実施状況 ………………… 15
(1) 農業の教育力　*15*
(2) 農業・農村体験学習の展開　*16*
第2節　農業・農村体験学習と生涯学習 ………………… 18
(1) 農業協同組合での農業・農村体験学習　*18*
(2) 生涯学習による位置づけ　*21*
第3節　事例分析 …………………………………………… 24
(1) 事例の概要　*24*
(2) 地域教育としての農業・農村体験学習　*29*

第Ⅱ章　農業高校における一般教育としての農業教育のあり方
………………………… 34
第1節　農業高校の歴史的変遷 …………………………… 34
第2節　農業高校における食農教育の展開 ……………… 36
(1) 農業の教材化　*36*
(2) 生涯学習と「総合的な学習の時間」　*37*
(3) 「総合的な学習の時間」と食農教育　*39*
第3節　農業高校での実践とアンケート調査 …………… 41
(1) 実践事例　*41*
(2) 農業高校生に行った「農業」に対するアンケート調査結果　*44*

第4節　事例分析………………………………………48
　　　(1) 事例の概要　*48*
　　　(2) アンケート調査と評価　*52*
　　　(3) 食農教育の教育的効果　*56*
　　第5節　農業高校の食農教育の拠点化……………………58
　　　(1) 小・中・高校と農業高校　*58*
　　　(2) 地域社会と農業高校　*59*
　　　(3) 食農教育の拠点として　*61*

第Ⅲ章　農業高校における職業教育のあり方
　　　　―「新日本版デュアルシステム」の提案―…………65
　　第1節　農業高校の現状…………………………………65
　　　(1) 生涯学習と専門高校　*65*
　　　(2) 農業高校の評価と入学者の実態　*68*
　　第2節　農業高校における職業教育の実態……………70
　　　(1) 就農ルートの多様化とSemi-OJT　*70*
　　　(2) 職業教育の現状　*76*
　　第3節　事例分析と新たな提案…………………………85
　　　(1) 事例の概要　*85*
　　　(2) インターンシップとの相違　*87*
　　　(3)「新日本版デュアルシステム」の創設　*89*

第Ⅳ章　農業高校における職業教育としての起業家教育……93
　　第1節　起業家教育が求められる背景……………………93
　　第2節　起業家教育の核心………………………………95
　　　(1) リスク負担　*95*

(2) 失敗のチャンス　*97*

　　　(3) キャリア形成　*99*

　第3節　事例分析 …………………………………………… *101*

　　　(1) 事例の概要　*101*

　　　(2) PDCAサイクルからみた起業家教育と今後の可能性　*106*

第Ⅴ章　ハイパー・メリトクラシー化の中での農業高校のあり方 …………………………………… *113*

　第1節　「専門性」という鎧 ―本田言説― ………… *113*

　第2節　農業高校の実情と「専門性」
　　　　　―本田言説の評価と批判― ………………… *116*

　　　(1) 入学者の状況と教育内容の矛盾　*116*

　　　(2) 進路指導としての職業選抜　*122*

　　　(3) 理想化された「専門性」　*124*

　第3節　農業高校における「専門性」の追求 ………… *127*

　　　(1) 学校教育と産業界の間の「専門性」　*127*

　　　(2) カリキュラムの抜本的な再編成
　　　　　―コンピテンシーカリキュラムの導入―　*130*

第Ⅵ章　農業協同組合における教育活動のあり方 …………… *136*

　第1節　農業協同組合における教育活動 …………… *136*

　　　(1) 協同組合原則に見る教育　*136*

　　　(2) 教育活動の現状　*138*

　第2節　生涯学習と組合員教育 ……………………… *141*

　　　(1) 生涯学習社会の構築に向けて　*141*

　　　(2) 生涯学習支援と民間機関　*144*

（3）学習動機　　*146*
　第3節　事例分析 …………………………………………… *148*
　　　（1）事例の概要　　*148*
　　　（2）成功要因　　*152*
　　　（3）教育活動の「場」として　　*162*

終　章　結　論 ………………………………………………… *166*
　第1節　各章の要約 ………………………………………… *166*
　第2節　農業教育の展望と残された課題 ………………… *173*

あとがき ……………………………………………………………… *177*

【 図表目次 】

第Ⅰ章

表1-1 小・中学校における農業体験学習の取り組みの実施状況 　*17*
表1-2 ＪＡ共生運動実施状況………………………………………… *20*
表1-3 小・中学校における農業体験学習の実施上の問題……… *21*
図1-1 ＪＡ北信州みゆきの「あぐりスクール」の組織体制…… *26*
表1-4 「あぐりスクール」のカリキュラム……………………… *28*

第Ⅱ章

表2-1 農業に対するイメージの変化……………………… *46・47*
表2-2 「自然養鶏」の学習指導計画……………………………… *50*
表2-3 ヒアリング調査の結果……………………………………… *53*
表2-4 エレメント想起法により想起されたキーワード………… *55*
図2-1 農業高校が食農教育の拠点となるための体系図………… *62*

第Ⅲ章

表3-1 新規就農者の推移…………………………………………… *71*
表3-2 多様化した就農ルートの類型化…………………………… *72*
表3-3 離職転入者に占める非農家子弟の割合の推移…………… *72*
表3-4 出身別にみた新規就農者の就職先の状況………………… *73*
表3-5 農業に関する学科の生徒の卒業後の進路………………… *74*
表3-6 農業に関する学科を卒業した生徒の産業別就職先……… *75*
図3-1 ドイツの教育制度…………………………………………… *80*
表3-7 インターンシップ・日本版デュアルシステム・高松農業高校
　　　「現場実習」の相違………………………………………… *83*

図3-2　教育課程の編成例……………………………………… 89

第Ⅳ章

　　図4-1　(株)芽ぐみの組織図…………………………………… 102
　　写真4-1　株券………………………………………………… 104
　　写真4-2　商品デザイン……………………………………… 105

第Ⅴ章

　　表5-1　「入学したい学校だったか」という設問の結果…………… 117
　　表5-2　第一志望者の割合…………………………………… 118
　　表5-3　「入学にあたって重視したこと」という設問の結果……… 118
　　表5-4　「仕事への見通し(就職希望者)」という設問の結果…… 119
　　図5-1　コンピテンシーの学習の過程………………………… 132

第Ⅵ章

　　表6-1　我が国における生涯学習論の歴史的経緯………………… 142
　　表6-2　ＪＡ北信州みゆきの「女性大学」のカリキュラム……… 150
　　表6-3　ＪＡはだのの「組合員講座」のカリキュラム…………… 153
　　表6-4　ＪＡはだのの「専修講座」のカリキュラム……………… 153
　　表6-5　場の生成の4つのタイプ……………………………… 155
　　図6-1　女性大学・専門コースと組合員講座・専修講座の「場」…… 155
　　図6-2　ＪＡ教育活動の「場」………………………………… 163

序　章
課題と方法

第1節　本研究の課題と背景

　現在、経済的・時間的余裕の創出、社会の成熟化、高齢化の進行とライフサイクルの変化などにより、学習需要は拡大し、高度化・多様化している。これらの学習需要に的確に対応し、学習機会を提供していくことは学習者自身の自己実現のみではなく、社会システムの基盤である人材育成にもつながり、社会全体として非常に有益なことである。そして、生涯学習社会の構築が国民的課題となっていることから、多様な学習需要に対応する方策を検討する必要がある。その生涯学習は、1981（昭和56）年の中央教育審議会答申によれば、「人々が自己の充実や生活の向上のため、その自発的意思に基づき、必要に応じ、自己に適した手段・方法を選んで、生涯を通じて行う学習」と定義され、家庭・学校・職場・地域社会などで行われるすべての学習として捉えられている。

さて、農業・農村は食料の供給だけではなく、多面的機能を有していると評価されている。また、社会的に農業の教育力が注目され、農業体験が活発に実施されるようになった。特に、農業協同組合（以下、「ＪＡ」と略す）では、次世代教育の一環として「学童農園の斡旋・管理援助」「バケツ稲作セットの紹介・提供」などの取り組みを行い、子ども達の農業・農村体験を積極的に行っている。そして、農林水産省の「子どもたちの農業・農村体験学習推進事業」にも講師派遣・教材提供などにも全面的に協力している。しかし、これらの取り組みは一定の評価はできるものの、関係者における意義や認識の共有化がなされていなかったり、体系が曖昧で短絡的かつ一過性の行事になっていたりしている側面も否定できない。

　ところで、我が国の基幹的農業従事者は65歳以上人口が過半数を占めており、農業の担い手の確保・育成が重要かつ緊急の課題となっている。農業に関する教育機関である農業高校も、自立した農業経営者や農業関連産業従事者の育成を継続的な目標として掲げてきたが、産業構造の変化、技術革新の進展、情報化、国際化などの外部環境の変化や、社会の高学歴化に伴う普通科志向の高まりにより、また、卒業後の進路保障や多様化した生徒が入学してくるといった背景も影響し、その目標を達成するには困難な状況にある。さらに、食と農の距離が拡大し、生産と消費の乖離などの問題が表出している中、食に関する教育と農業体験学習とを一体的に捉えた「食農教育」の重要性が指摘され、とりわけ教育的機能に注目が集まるようになった。

しかし、多くの農業高校では現在、その存在意義が必ずしも明瞭な状況にはない。

　一方、情報化、国際化、高齢化が進行し、社会環境の変化はめまぐるしく、特に、近年の食品や農産物をめぐるさまざまな問題の発生を契機に、食や農業に対する関心は非常に高まっている。そして、農業生産者で組織されているＪＡの組合員の中にも、生活の充足や心の充実を追求する自己実現を目指した人びとが増加している。その多様な学習需要に対応する方策を検討し、一部の組合員や役職員に限定されたＪＡ内部での完結型教育ではなく、「開かれたＪＡ」として地域社会の維持・発展を図るために、食と農業に軸足を置いた幅広い教育活動への取り組みが求められる。

　以上より、本研究の課題は生涯学習社会での農業教育のあるべき姿を考究することにある。そのためにはまず、地域における農業・農村体験学習をどのように展開していくかを検討しなければならない。次に、農業の教育施設としての農業高校の存在意義を一般教育と職業教育の２つの側面から考察し、農業高校における専門性のあり方について検討していかなければならない。さらには、地域社会の維持・発展を図るとともに、自律的組合員を育成するために、ＪＡにおける幅広い教育活動のあり方について検討していかなければならない。

第2節　本研究の構成

　以上の課題に対して、本研究では次の6つの章によってアプローチする。

　第Ⅰ章では、小・中学生を対象とした農業・農村体験学習に焦点をあて、それ自身が生涯学習の場になっていることを明らかにする。まず、農業の教育的効果を踏まえながら、小・中学校での農業・農村体験学習の実施状況について考察する。そして、地域教育の観点で小・中学生を対象とした農業・農村体験学習を展開している取り組みについて、その特徴とともに、生涯学習の位置づけについて考察する。さらに、農業・農村体験学習の事例として、北信州みゆき農業協同組合の「あぐりスクール」を取り上げ、地域における農業・農村体験学習が生涯学習の場として成立している要因を明らかにする。

　第Ⅱ章では、農業の教材化が進展する中で、農業高校の一般教育的側面から生涯学習社会での職業教育以外の存在形態を検討する。まず、農業高校の歴史を振り返り、農業高校における体験学習の位置づけを考察しつつ、食農教育と科目「総合的な学習の時間」との関係性を明らかにする。また、農業高校での実践とアンケート調査の結果を基に、農業高校の現状を明らかにする。加えて、農業高校での食農教育の取り組みについてその教育的効果を考察する。そして、科目「総合的な学習の時間」と地域社会の中での食農教育の展開方法を記し、それらを基に

食農教育の拠点としての農業高校のあり方について考察する。

　第Ⅲ章では、生涯学習社会における後期中等教育（高校教育）段階での職業教育の方途について、農業高校の職業教育的側面から、その存在形態を考察する。まず、職業教育と生涯学習の関係性を明らかにし、入学者の実態から農業高校の現状を把握する。また、今日の新規就農者の推移と就農ルートを概観しつつ、卒業後の進路状況と進路指導の実態を考察する。そして、就業体験として既に実施されている「インターンシップ」の現状と、ドイツの職業教育「デュアルシステム」について概観し、ドイツの職業教育に倣った教育システム「日本版デュアルシステム」と、岡山県立高松農業高等学校の「現場実習」の取り組みに基づき検討する。

　第Ⅳ章では、職業教育の観点から起業家教育に着目し、農業高校における職業教育のあり方の１つとして考察する。まず、起業家教育が注目されている背景を整理し、起業家教育の核心に迫っていく。そして、岡山県立高松農業高等学校の「起業家教育プログラム」の取り組みを参考にしながら、典型的なマネジメントサイクルの一つであるPDCA（Plan-Do-Check-Action）の枠組みに基づき、農業高校における起業家教育のあり方を考察する。

　第Ⅴ章では、第Ⅱ章から第Ⅳ章までを振り返り、ハイパー・メリトクラシー化の中での農業高校のあり方について、ポスト近代社会に向かう中での農業高校の専門性に着目して検討する。そのためにまず、このテーマに関して精力的な研究活動を

行っている本田由紀氏の見解に関して、入学者の状況と教育内容、進路指導の実態から評価と批判を試みる。その結果に基づき、農業高校における専門性のあり方について試論を展開する。

第Ⅵ章では、生涯学習社会の中で、農業者で組織されているＪＡの組合員教育活動に焦点をあて、多様な学習需要に対応した自律的組合員の育成の方途を検討する。そのためにまず、組合員教育の現状を把握し、生涯学習と組合員教育の関係性について考察する。さらに、北信州みゆき農業協同組合の「女性大学」と秦野市農業協同組合の「協同組合講座」の２つの事例を取り上げ、組合員の動機づけを高めるための役職員の役割について考察する。

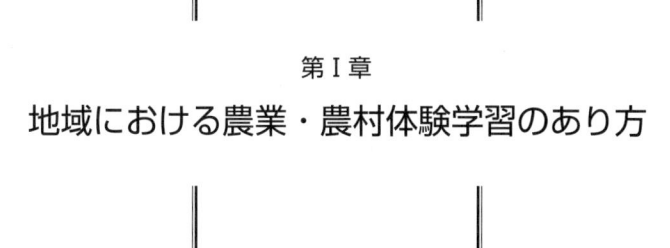

第Ⅰ章
地域における農業・農村体験学習のあり方

第1節　農業・農村体験学習の実施状況

(1) 農業の教育力

　現在、農業・農村は食料の供給だけではなく、国土の保全、水源の涵養、自然環境の保全、良好な景観の形成、文化の伝承などを有しているとされている[1]。さらに、木下[2]は「農」を通じたコミュニケーションや地域社会の運営にまで言及している。本章では、農業に教育的機能を見いだしている意見[3]を踏まえ、農業が有する教育的機能を多面的機能の一構成要素として位置づける。

　農業・農村の有する諸機能については、国レベルはもちろんのこと地方公共団体でも外部経済効果の評価を行っている。例えば、沖縄県や宮城県は環境評価手法の1つであるCVM（仮想市場評価法：Contingent Valuation Method）[4]を用いて農業・農村の有する諸機能を評価し、「情操教育機能」に注目してい

る。また、2000（平成12）年の総理府「農産物貿易に関する世論調査」によると、農業が食料生産・供給以外の役割について「自然体験、農作業体験を通して、生命の尊さの理解などの情操を養う働き」としての「情操教育」を4割近くの国民があげている。

　農業の教育的機能に関しては、主に農業体験を通しての教育が叫ばれている。七戸ら[5)]は、人類史の観点で農業が人格形成に与える影響を原理的に考察し、「農業の教育力」を提唱した。また、向山[6)]は栽培活動の教育効果として、計画性、科学性、技術性、社会性、やさしさ、情操性、自主性、責任感、集団性、地域性をあげている。さらに、2002（平成14）年度から導入された「完全学校週5日制」と科目「総合的な学習の時間」（以下、「総合的学習」と略す）の創設が、社会的にも子ども達に体験の機会を提供しようといった時代の潮流に乗る中で、農業の教育力が注目され、農業体験が活発に実施されるようになった。

(2) 農業・農村体験学習の展開

　それでは、現在農業を通じた体験学習がどの程度実施されているかについて見てみる。

　社団法人全国農村青少年教育振興会が実施した「小・中学校における農業体験学習の取り組みの実施状況」（表1-1参照）によれば、農業体験学習を実施している小・中学校は、平成13年度には小学校で66.0％、中学校で25.5％であったのに

対し、平成17年度では小学校が78.5％、中学校が32.9％と増加した。

この背景は、文教政策と農業政策、この2つの側面から説明される。

まず、文教政策としては、「総合的学習」の創設があげられる。これまでの知識詰め込み型教育の反省もあり、学習指導要領において、「ゆとり」の中で「生きる力」を育成する教育への転換を図るために、教科横断的・総合的な学習の推進や体験的な学習の機会を積極的に位置づける総合的学習が創設された。この総合的学習では、特に体験的な学習、問題解決的な学習、調べ方や学び方の育成を図る学習などが重視されている。それとともに、自ら調べ、まとめ・発表する活動、話し合いや討論の活動などが活発に行われることが望まれている。その狙いとするところは、体験を取り入れることによって、子ども達が社会の変化に主体的に対応できる意思・態度・能力、および思考力・判断力・表現力を育成することにある。そして、2002（平成14）年度以降、農業体験学習を総合的学習の中で展開す

表1－1 小・中学校における農業体験学習の取り組みの実施状況

(単位：％)

	平成13年度	平成14年度	平成15年度	平成16年度	平成17年度
合計	52.0	57.5	62.6	62.7	63.5
小学校	66.0	71.0	79.2	76.6	78.5
中学校	25.5	29.7	27.8	34.2	32.9

資料：社団法人全国農村青少年教育振興会「小・中学校における農業体験学習の取り組みに関するアンケート調査」より。

る例が増えたのである。

次に、農業政策としては、農業理解と食料自給率の向上を図るための農業体験の推進があげられる。農林水産省は 1998（平成 10）年の農政改革大綱の中で、農林漁業・農産漁村体験学習の充実や、小・中学生に対する農業体験学習への取り組みの促進を取り上げた。また、学校教育内外における農林水産業体験学習などについても、「文部省・農林水産省連携協議会」を設置し、食農教育研修会を催している。そして、農業白書（平成 10 年度版）では「子ども達の農業体験、農村体験は、子ども達の"生きる力"の育成や農業に対する理解の促進、職業観育成の観点からも重要な取り組み」と位置づけられている。さらに、1999（平成 11）年に制定された「食料・農業・農村基本法」にも、「国は、国民が農業に対する理解と関心を深めるよう、農業に関する教育の振興その他必要な施策を講ずるものとする」と、その考え方が盛り込まれた。

第 2 節　農業・農村体験学習と生涯学習

(1) 農業協同組合での農業・農村体験学習

ＪＡは以前から、青少年に対する教育活動を実践してきたが、1997（平成 9）年の第 21 回全国ＪＡ大会で「食料・農業・農村地域の問題は、農業生産者・農村生活者と農業以外の産業従事者や都市生活者を含めた国民全体の課題であり、お互いに

役割を認め合い、恩恵を受け共に生きていくべきである」とし、「3つの共生運動（次世代との共生、消費者との共生、アジアとの共生）」に取り組んでいくことを決めた。その中の、次世代との共生として、農業・農村体験学習の普及・推進を掲げている。さらに、1999（平成11）年6月からはＪＡグループが地域の子ども達や親子に農業体験の機会を提供し、各地域の特色を生かした農業体験を行う「子どもの農業体験事業」を実施した。同事業は、文部省が展開する「全国子どもプラン」の1つとして実施され、ＰＴＡをはじめ地域の組織が連携した取り組みであり、また、完全学校週5日制に備えたものでもあった。

ＪＡグループは、今日的役割の1つとして「農的価値の提供」[7]をあげ、地域に根ざした食農教育を展開するために、組合員・ＪＡ女性組織・青年組織・学校・自治体・各種団体と連携を図り、学童農園・夏休み子ども村などの多様な農業・農村体験の場作りに取り組むことを決議した。また、農業・農村体験学習に関わる学校に対して、学習カリキュラムの提案、学童農園の斡旋、栽培技術の援助・指導、ＰＴＡ活動への職員参加などの働きかけを行うことも決議した。

それでは、現在ＪＡグループは具体的にどのような農業・農村体験学習を展開しているかを見てみる。

全国農業協同組合中央会が2005（平成17）年にまとめた「第23回ＪＡ全国大会決議の実践状況の概要（報告）」（表1－2参照）によれば、「農業、農村体験学習（学童農園等）の普及・推進」は65.5％、「バケツ稲作セットの紹介・提供」は

48.7%と、約半数のＪＡが子ども達の農業・農村体験学習や教材の提供などの取り組みを行っている。これらの数値が、表１－３にあるような小・中学校が農業・農村体験学習を展開する際に抱えている「時間の不足」「適当な場所（農園）がない」「外部の指導者不足」「準備に時間がかかる」「経費がかかる」「学校や教師の農業に関する技術や知識・情報の不足」といった問題を感じさせない点に注目しなければならない。まず、時間の問題については、学校という公的な機関でないため土曜日・日曜日や長期休業中にも比較的柔軟に対応することが可能であるということがあげられる。次に、場所の問題については、ＪＡが管理している農地や耕作放棄地、組合員の所有している休耕地などを利用することで対応できる。そして、指導者の問題については、ＪＡの職員や組合員が指導者として対応す

表１－２　ＪＡ共生運動実施状況

	取り組んでいる	取り組んでいない	実施率
ＪＡ見学の受け入れ	723	141	83.7%
農業、農村体験学習（学童農園等）の普及・推進	565	298	65.5%
学校給食への地元農産物の活用	495	369	57.3%
バケツ稲作セットの紹介・提供	421	443	48.7%
農業・ＪＡ理解のための教材の提供	375	489	43.4%
体験農園・市民農園の取り組み	376	488	43.5%
ごはんを中心とした日本型食生活の普及	309	554	35.8%
市民農園スクール（農業塾）の設置	129	735	14.9%

資料：第23回ＪＡ全国大会決議の実践状況の概要（報告）より。

ることができる。加えて、準備の時間、経費、技術や知識・情報の問題についても、ＪＡに内在する資源で十分対応できる。裏を返せば、小・中学校のような教育機関では、農業・農村体験学習を展開するにはハードとソフトの両面で限界がある。

このように、ＪＡにおいては教育機関での農業・農村体験学習と比較し、自らが有するハードとソフトの両面により、優位に展開できる条件を有しているといえよう。

(2) 生涯学習による位置づけ

我が国の教育制度は、1872（明治５）年の学制が発布されてから学校教育中心として整備され、現在まで発展してきた。しかし、現実には学校教育を中心にした人生初期の限られた期間に集中的に行われるシステム（フロント・エンド・システム）

表１－３　小・中学校における農業体験学習の実施上の問題

課題・問題点等	農業体験学習を実施している 合計	小学校	中学校	農業体験学習を実施していない 合計	小学校	中学校
時間の不足	56.5%	61.9%	30.4%	64.8%	69.5%	62.1%
適当な場所（農園）がない	17.3%	17.5%	16.5%	47.2%	64.8%	36.0%
外部の指導者不足	9.7%	10.2%	7.6%	20.2%	23.8%	18.0%
準備に時間がかかる	43.5%	47.0%	26.6%	26.2%	29.5%	24.2%
経費がかかる	19.9%	20.6%	16.5%	17.2%	22.9%	13.7%
学習効果が不明	3.9%	3.7%	5.1%	8.6%	6.7%	9.9%
学校や教師の農業に関する技術や知識・情報の不足	44.6%	46.7%	34.2%	38.2%	43.8%	34.8%

資料：社団法人全国農村青少年教育振興会「小・中学校における農業体験学習の取り組みに関するアンケート調査」より。

では、カリキュラムは定型的・固定的であり、人間教育全体としてみれば完全ではない。そのため、家庭教育や社会教育も非常に重要な役割を担うことになる。山田[8]は、生涯教育の概念の特徴を「社会の教育機能のトータルな認識に基づき、教育を考える枠組みについて、一方で垂直的・時系列的次元における教育の生涯化と、他方で水平的・空間的次元における教育の生活化という、両次元での拡散・拡大」としている。これは、1971（昭和46）年の社会教育審議会答申で、生涯教育の考え方として「生涯にわたる学習の継続を要求されるだけではなく、家庭教育、学校教育、社会教育の三者を有機的に統合することを要求している」と示していることからもわかるように、児童・青少年期においては、この水平的・空間的次元での教育をどのように展開するかが問題となってくる。

　ここでは、インフォーマルな家庭教育についての言及は他に譲るとし、本章のテーマである公的教育機関以外で行うノンフォーマルな社会教育について、特に児童期・青少年期という発達段階に注目する。

　岡田[9]は、発達段階においての学習を特徴づけるものとして「他者とのかかわり方」をあげ、「人間関係の広がりと切り離して考えることはできない」としている。学校教育や家庭教育の重要性は否めないが、地域社会における他者との交流や、さまざまな体験（生活体験、社会体験、自然体験など）を積み重ねることも重要である。地域社会におけるこれらの体験活動は、子ども達自身が自らの興味・関心や考えに基づいて自主的に

行っていくという点で大きな意義がある。そして、その活動を契機とした多くの人びととの関わりが、子ども達の育成に大きな影響を与える。しかし、現状としては地域社会における子ども達の体験機会は著しく不足している。また、都市化・過疎化の進行や地域社会における連帯感の希薄化などから、地域社会の教育力の低下が指摘されている[10]。つまり、児童期・青少年期において、他者との関わりの重要性が指摘されているにもかかわらず、地域教育力の低下が子ども達の発達の阻害要因となっているのである。

　このような状況の中で、農業という産業は地域社会と非常に密接し、地域の個性を色濃く反映したものであり、優位に体験学習の場を提供することが可能である。そして、これらの取り組みは単なる完全学校週5日制の受け皿としてのみ機能するのではなく、地域教育力の向上につながり、生涯学習の場として機能する。

第3節　事例分析

(1) 事例の概要

　北信州みゆき農業協同組合（以下、「ＪＡ北信州みゆき」と略す）は、長野県の最北端に位置し、2市3村で構成されている。2005（平成17）年度の組合員数は13,098名（うち准組合員数4,108名）で、ブルーベリー、アスパラガスは全国一の出荷量を誇っ

ており、その他にもキノコ、リンゴ、モモ、米などの生産にも力を入れている。

　既に述べてきたように、全国各地で行われている体験学習や農村都市交流という形態の農業体験は、生産者と消費者を結ぶことで、乖離しつつある食と農の間を埋め、産業としての農業を理解する機会として非常に意義のある取り組みであると評価されている。ＪＡにおいても先述したように、子ども達を対象とした農業・農村体験学習に積極的に取り組んでいる。同ＪＡも、その前身である飯山みゆき農業協同組合時代の1993（平成5）年から、農村と都市の交流を目指したグリーン・ツーリズム事業に取り組んできた。その取り組みの柱としては次の4つがあげられる。

　1つ目は、都市部の小・中学生を対象とした「自然体験教室」である。これは、同ＪＡと飯山市と飯山市観光協会の3者が連携し、東京都や神奈川県などの教育委員会や各学校へ働きかけ、修学旅行などの中で宿泊型の農業体験を行うものである。2つ目は、日本生活協同組合連合会と連携した農村都市交流事業「グリーンライフ」である。これは、生活協同組合の組合員が家族連れで管内を訪れて農業・自然体験を行うものである。3つ目は、大都市圏にあるＪＡ管内の子ども達が夏休みを利用し、管内を訪れ、農業・自然体験をするものである。4つ目は、社団法人全国農協観光協会と共催する援農ボランティア活動「猫の手援農隊」である。これは、観光目的ではなく、2泊3日の日程で農作業を手伝うものである。

しかし、これらのグリーン・ツーリズム事業は、都市部の子ども達を中心とした取り組みであり、地域の子ども達や地域住民に焦点を定めたものではなかった。そこで、同ＪＡの組合長（当時）は「ＪＡの次世代対策の推進」と「命を育むすばらしさ・農業のすばらしさを感じる"農魂"の育成」を掲げ、次世代対策としてグリーン・ツーリズム事業のノウハウを生かし、地域の小学生を対象とした「あぐりスクール」を2001（平成13）年に計画・立案し、翌年4月より開始した。また、これは完全学校週5日制の導入と総合的学習の創設に対応しようとの取り組みでもあった。

　対象は管内2市3村約1,500戸の小学校3〜6年生である。定員を120名とし、入校料は1人8,000円（テキスト代・障害保障を含む）で、ＪＡは年間200万円の予算を計上した。組織体制としては、図1-1のように総合対策部を事務局とし、組合長・専務・常務・組合員（青年部長・女性部長）・職員（各部長）といった各部・各支所の職員や組合員で組織されている。そして、このメンバーに保護者代表を加えている。また、この実行委員会を基軸に、ＪＡ全体の事業と位置づけて取り組んでいる。実行委員会でカリキュラム内容や日程などを検討し、理事会承認後に実行委員会で大まかな柱を決め、スタッフ会議が開かれた後に実施するという流れになっている。さらに、組合長を校長、ＪＡ職員を担任、組合員（ＪＡ青年部など）や地元高校生を副担任としている。クラス編成に関しても既存の学校とは異なり、学年別ではなく異なる地域・学年の混

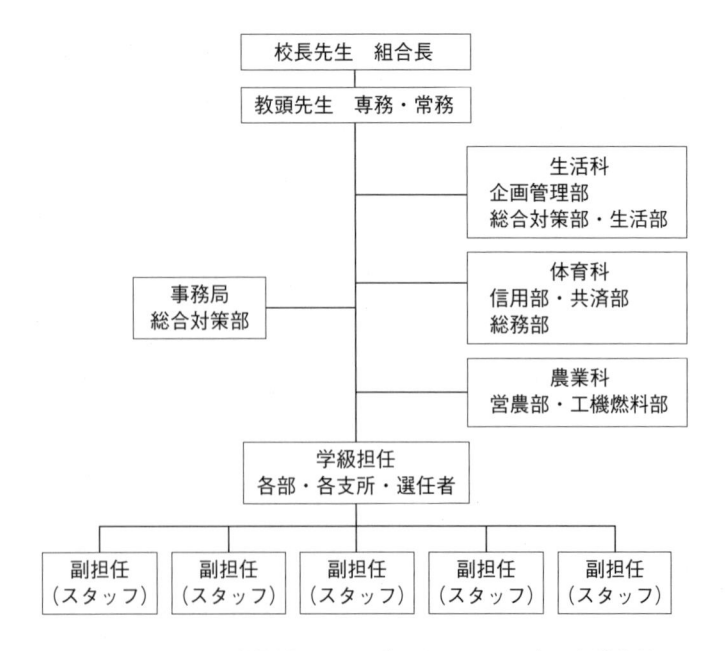

```
                ┌─────────────────┐
                │ 校長先生　組合長 │
                └─────────────────┘
                ┌─────────────────┐
                │ 教頭先生　専務・常務 │
                └─────────────────┘
                         │
                         ├──────────┬──────────────────────────┐
                         │          │   生活科                 │
                         │          │   企画管理部             │
                         │          │   総合対策部・生活部     │
                         │          └──────────────────────────┘
   ┌──────────┐          │          ┌──────────────────────────┐
   │ 事務局   │──────────┤          │   体育科                 │
   │ 総合対策部│         │          │   信用部・共済部         │
   └──────────┘          │          │   総務部                 │
                         │          └──────────────────────────┘
                         │          ┌──────────────────────────┐
                         │          │   農業科                 │
                         │          │   営農部・工機燃料部     │
                         │          └──────────────────────────┘
                ┌─────────────────┐
                │ 学級担任         │
                │ 各部・各支所・選任者 │
                └─────────────────┘
```

図1-1　ＪＡ北信州みゆきの「あぐりスクール」の組織体制
資料：あぐりスクール実行委員会資料より抜粋。

成クラスにしている。

　カリキュラムは、表1-4のように農業体験だけではなく、それを基礎とした調理体験、地域の自然体験、地域の各所めぐり、家の光発行の子ども向け農業誌『ちゃぐりん』を用いた授業など、幅広いものになっている。また、収穫した農産物をＪＡ祭で子ども達が販売する販売体験も実施している。12月の閉校式では、1年間を振り返り、保護者に対する活動の思い出の発表会、郷土料理を食べながらの親子昼食会も開かれている。

表1－4 「あぐりスクール」のカリキュラム（平成16年度）

	月日・時間	カリキュラム
1	4月25日（日） 8：30～15：00	・開校式　・ちゃぐりんの時間 ・交通少年団結成式　・クラス旗作り ・運動会　・ピザ作り
2	5月8日（土） 8：00～12：00	・ちゃぐりんの時間 ・ジャガイモとスイカの植えつけ
3	5月22日（土） 8：00～12：00	・田植え ・地域のおじいちゃん、おばあちゃんとの交流
4	6月26日（土） 8：30～16：00	・ちゃぐりんの時間 ・デイキャンプ ・カヌー体験　・ブナ林散策
5	7月29日（木） ・30日（金）	・海外研修（佐渡島）（1泊2日）
6	8月11日（水） 8：30～16：00	・ちゃぐりんの時間 ・ジャガイモ　・スイカの収穫 ・蕎麦の植えつけ　・川遊び
7	9月23日（祝） 8：00～12：00	・ちゃぐりんの時間 ・交通安全ＰＲ活動（かかし作り）
8	10月3日（日） 8：00～12：00	・ちゃぐりんの時間　・稲刈り、はぜ掛け ・地域のおじいちゃん、おばあちゃんの知恵を拝借
9	10月16日（土） 8：30～15：00	・稲の脱穀 ・蕎麦の収穫
10	11月3日（祝） 8：00～16：00	・総合ＪＡ祭り ・あぐりスクールで育てた農作物の販売
11	11月13日（土） 8：30～14：00	・ちゃぐりんの時間 ・収穫祭
12	12月5日（日） 9：00～13：00	・修了式 ・活動の思い出を発表

資料：あぐりスクール受講生募集用紙より抜粋。

そして、このあぐりスクールは毎月1～2回、主に土曜日に実施しており、単発的・イベント的なものではなく、年間を通して地域と一体化した郷土色の濃い内容となっている。さらに、地元高校生がスタッフとして参加しているが、これは、長野県教育委員会による「働くことの意義や勤労観を養うとともに、努力することの尊さや学ぶことの大切さを醸成し、目的意識を持ち将来を見通した生活のできる生徒の育成に資する」ことを目的とした「すぐ出せ修業」と名づけた高校生対象の職業体験事業の一環として、あぐりスクールが受け入れたものである。加えて、郷土料理作りや竹細工などで地域の経験豊かな高齢者を特別講師として招き、地域の社会資源を活用し、地域全体でサポートする体制をとっている。

このように、年間を通して楽しく正しく農業を理解できるものを展開するだけではなく、保護者や地域住民を巻き込んだ内容となっており、2002（平成14）年度には「子ども農業体験活動コンクール」においてＪＡ全中会長賞を受賞している。

(2) 地域教育としての農業・農村体験学習
　1) 幅広いカリキュラム内容
　同事例は、単なる農業体験学習の域を越え、幅広い自然・社会体験のカリキュラムを取り入れている。同事例では農業体験を基本としつつも、地域の農業見学や調理・農産加工体験、自然体験、キャンプ、読書会などその内容は多岐にわたっており、他のケースとは大きく異なっている。農業・農村というテーマ

を重要視しつつも、既成概念にとらわれないカリキュラムの作成によって、「次世代の育成」という社会的使命を果たそうとしており、自律心のある健全な青少年の育成を目的とした社会教育運動の1つである「ボーイスカウト」に通じるものがある。

　カリキュラムを作成するにあたり、現有のグリーン・ツーリズム事業のノウハウという経営資源の存在に気づき、それを活用したことは特筆に値する。前述した1994（平成6）年からの農村と都市の交流を目指したグリーン・ツーリズム事業、特に「自然体験教室」の実施は、1990（平成2）年に2校（357人）の誘致に成功した後、徐々に受け入れ実績を伸ばし、2002（平成14）年には57校（8,126人）を受け入れている。ところが、この事業に取り組む中で、ＪＡ職員らは地域の子ども達への関わりの少なさに気づくことになる。そこで、グリーン・ツーリズム事業の経験やノウハウという蓄積された経営資源を活用し、具体的なカリキュラムの作成に役立てたのである。

2）地域との有機的関係

　同事例は、ＪＡ職員のみが企画・運営するのではなく、郷土料理づくりや竹細工などで高齢者を講師として招聘し、知恵や技術、地域の文化の伝承を行っている。地元高校生も職業体験事業の中で、クラスの副担任として参加している。さらに、学区・行政区や学年を超えたクラス編成により、年長の子どもが年少の子どもの面倒を見ることなどを通じて、地域の子ども達のコミュニケーションの場にもなっている。もちろん、子ども達だけではなく、送迎や参加する保護者同士の交流や、高齢者

と保護者の交流という波及効果もあったことは強調しておかなければならない。

つまり、「子どもの育成」というテーマの下で、地域との連携を重視し、地域に内在している社会資源を活用することにより、地域づくりにも貢献しているのである。このように、同事例はＪＡという組織を基盤としつつも、地域との有機的な関係を構築し、地域といった「面」で展開している。そして、地域全体で地域の教育力を生かし、地域教育の場を創出している。

3）学習環境の整備

年間200万円といった予算をＪＡが計上したことは、ＪＡという組織が「次世代対策の推進」の姿勢を示すことで、関係者だけではなく保護者や地域住民にその重要性を伝えるとともに、地域全体として取り組むべき課題であることを明示している。そして、実際に幅広い内容や地域の社会資源を活用したカリキュラムを組み、学習機会を提供したことにより、そのメッセージ性はより強いものとなった。

また、組合員や保護者といったさまざまなメンバーによって組織されている実行委員会の存在により、受け手側の学習ニーズが強く反映されることになり、提供する側の一方向的な取り組みになることを抑制している。そして、保護者が実行委員会のメンバーとして参画していることで、「子ども達の育成」へのコミットメントの意思が明確となる。このことはさらに、保護者というレベルから、地域全体というレベルで捉えることへとつながっていく。

4）ビジョンの共有

　一般的には、規模が大きな組織はいわゆる大企業病の典型例でもあるセクショナリズムの問題が発生する。それは関係部署のみでの企画・運営に終始し、その関係部署での利益の追求に走る結果、全体としてビジョンが共有されずに終わってしまうことが多い。そのような場合、他の部署に対する排他的傾向すらうかがえるケースも少なくない。しかし、同事例の場合は、まず、同ＪＡ内の各部・各支所といったところからも実行委員会のメンバーに加わり、ＪＡ職員がビジョンを共有できる状態を作り出している。そして、企画段階から保護者や組合員が実行委員会のメンバーとして参画し、コミットメントがなされ、ＪＡ全体のみならず、その範囲が地域へと広がってビジョンの共有がなされた状態となっていく。この意思疎通を図ることのできる実行委員会は、相互補完的な創造プロセス[11]になっている。

　活動を円滑にかつ永続的に展開するためには、組織構成員の動機づけを高め、コミットメントを引き出すことが必要不可欠である。そのためにも、組織のトップがビジョンという将来の「あるべき姿」を明示し、そのエッセンスを言葉に表現し、組織構成員の焦点をそこに向けさせていく必要がある。換言すれば、ビジョンの明確化は組織のトップとしての説明責任である。それを組織構成員が共有することによって、ベクトルを1つの方向に向かわせる羅針盤となった。

　ビジョンが共有されず、それが形骸化している例は枚挙にい

とまがないが、同ＪＡの組合長（当時）は「ＪＡの次世代対策の推進」と「命を育むすばらしさ・農業のすばらしさを感じる"農魂"の育成」の重要性を認識し、ＪＡとして次世代のために何ができるのかという価値を追求した。これは、単なる完全学校週５日制の導入と総合的学習の創設に対応しようとした取り組みにとどまるのではなく、ＪＡの子ども達を対象としたこれまでの農業体験学習からの脱却を意味するものである。そして、「ＪＡの次世代対策の推進」と「命を育むすばらしさ・農業のすばらしさを感じる"農魂"の育成」そのものが、地域社会の貢献や社会的使命といったメッセージを含有したＪＡの「あるべき姿」を表現し、ＪＡ職員や保護者・組合員によって共有され、動機づけを高めた。さらに、その問いかけこそがビジョンとなり、それが全体に共有されたことが生涯学習の場としての成立した最大の要因であるといえる。

注
1) 「食料・農業・農村基本法」（多面的機能の発揮）を参照のこと。
2) 木下勇［２］、pp.16-18 を参照のこと。
3) 平成 11 年度『食料・農業・農村白書』でも、「子ども達の農業体験は人格形成上重要な取り組み」として指摘している。さらに木島温夫は『農業と経済』１月号、富民協会、2001 年において、農業・園芸栽培体験の教育的効用について展開している。
4) CVM は、支払意志額（WTP）や受入意志額（WTA）を直接あるいは間接的に質問することによって、そのサービスの貨幣的評価を行う手法である。

5） 七戸他［5］、pp.11-41 を参照のこと。
6） 向山［6］、p.9 を参照のこと。
7） 農林中金総合研究所［5］、p.5 を参照のこと。
8） 山田［7］、p.45 を参照のこと。
9） 岡田［1］、p.53 を参照のこと。
10） 1996 年中央教育審議会第一次答申を参照のこと。
11） 根本［4］、p.102 を参照のこと。

参考文献
［1］ 岡田龍樹「生涯各期の特性と学習」有吉秀樹・小池源吾編『生涯学習の基礎と展開』、コレール社、2001
［2］ 木下勇「生産者と消費者との信頼関係が「食」と「農」を変える」『月刊ＪＡ』、全国農業協同組合中央会、2003
［3］ 七戸長生他『農業の教育力』、農山漁村文化協会、1990
［4］ 根本孝『ラーニング組織の再生』、同文館出版、2004
［5］ 農林中金総合研究所『ファクトブック2006』、ＪＡ全中、2006
［6］ 向山玉雄『学校園の栽培便利手帳』、日本農業教育学会編、1996
［7］ 山田誠「生涯学習の原理」『生涯学習の基礎と展開』、コレール社、2001

第Ⅱ章
農業高校における一般教育としての農業教育のあり方

第1節　農業高校の歴史的変遷

　近代学校制度の誕生は、1872（明治5）年の「学制」公布からであるが、当時の農業教育は文部省ではなく内務省で行われ、勧業政策として出発した。その10年後の1882（明治15）年に内務省から文部省へと管轄が移り、1883年の「農学校通則」公布が中等教育機関としての農業教育制度発足の起点となった。

　1886（明治19）年当時は、「小学校令」で就学義務が定められたものの、就学率は50％程度と低かった。しかし、1892（明治25）年頃より、産業の発展に伴って実業教育振興に対する要望があり、1893（明治26）年に「実業補習学校規定」が制定され、農業補習学校が創設された。そこでは、農業に従事している児童を対象に簡易な方法で農業に必要な知識と技能を授けた。その結果、小学校教育の補習中心ではあったものの、当

時の農村および農業の実情に適合していたため、農民大衆子弟の低度の実業教育普及に重要な役割を果たし、1894（明治27）年には、実業教育費国庫補助法の対象となった。そして、1899（明治32）年の「実業学校令」公布により、本格的な農業教育機関として位置づけられた。しかし、碓井[1]は農業の専門的教育機関としての農学校が本来の目的を果たしておらず、中学校不合格者の受け皿となっていることを指摘しており、1900年代より学校の序列化傾向があったことは注視すべき点である。そのような指摘があるものの、地方においては中堅指導者や農業後継者といった人材養成の場として、農業技術の普及と農業生産の向上に一定の役割を果たしたことも事実である。

　第二次世界大戦後の1947（昭和22）年に「教育基本法」および「学校教育法」が公布され、翌年に「高等学校設置基準」で農業高校設置学科は「農業科、林業科、蚕業科、園芸科、畜産科、農業土木科、造園科、女子農業科」と示され[2]、教育体系が複線型から単線型に改められた。また、旧制農業学校は新制農業高等学校に転換され、自営者および初級技術者の養成を目指した。しかし、中等課程の教育が普通科教育を中心に再編されたことにより、職業教育は戦前に比べ大きく後退した。そして、1951（昭和26）年に職業教育振興のために「産業教育振興法」が公布されたが、1950年代後半から高校進学率が徐々に上昇し、高校進学が一般化するにつれ、高校進学者の普通科教育志向の傾向はますます強くなった。それに伴い、職業高校

は不本意入学者の増加、入学希望者の減少に伴う定員割れ、学力低下、学校序列化などの問題を抱えるようになった。

第2節　農業高校における食農教育の展開

(1) 農業の教材化

　近年、農林水産省や文部科学省の施策にも見られるように、農業の役割を食料生産だけではなく環境問題や多面的機能、特に農業・農村の教育力に求めている傾向があり、農業を媒介とした体験学習が積極的に展開されている。これらに共通することは、農業自体を教材の1つと捉え、体験学習に重点を置いた「農業の教材化」である。

　農業高校においても、生徒の多様化した実態に対応するために、学習の選択機会の拡大や個性伸長の教育などを展開しているが、体験学習には非常に重点を置いている。その体験学習に関する特徴として次の3点あげられる。

　1点目は、プロジェクト学習法による問題解決能力・自己教育力の育成である。これは、新制高校発足当初から授業や学校農業クラブ活動などの教育活動全体に取り入れられているもので、PLAN-DO-SEE の一貫したプロセスを経ることによる問題解決学習である。2点目は、農場実習などを通した望ましい勤労観・職業観の育成である。これは動植物の育成をはじめとする体験的・実践的な学習によって、働くことや創造すること

の喜びを体験させ、社会・職業生活に必要な能力や態度の育成を図るものである。3点目は、食農教育による農業理解である。これは農業体験教育と食教育を一元化し、生産と消費の場の乖離を打破しようとするもので、豊かな心と生命の育成を図るものである。さらに、ヒューマンサービスを学習する「生物活用」や「グリーンライフ」、環境分野の基礎的なものとして「環境科学基礎」といった科目が新たに設置されたことからもわかるように、人間生活との関わりなどの社会的意義にも教育内容が拡大したことにも注目すべきである[3]。

これらのことからも推察できるように、農業高校においても産業としての農業という前提はあるものの、職業教育といった観点だけに軸足を置くものではなく、「農業の教材化」傾向に対応していかなければならない現状があることを確認しておかなければならない。

(2) 生涯学習と「総合的な学習の時間」

学校教育が生涯学習の観点で重要視されるようになったのは、1984（昭和59）年から1987（昭和62）年まで設置された臨時教育審議会の答申においてである。それによれば、学校教育を生涯学習体系の中に位置づけ、これからの学習は「学校教育の自己完結的な考え方を脱却するとともに、学校教育においては自己教育力の育成を図り、その基盤の上に各人の自発的意志に基づき、必要に応じて、自己に適した手段・方法を自らの責任において自由に選択し、生涯を通じて行われるべきもので

ある」と提言している。また、1987（昭和62）年の教育課程審議会答申も、「これからの学校教育は、生涯学習の基礎を培うものとして、自ら学ぶ意欲と社会の変化に主体的に対応できる能力の育成を重視」することを提言した。

そして、子ども達がゆとりのない生活の中で、社会性の欠如、自立性の遅延、体力・運動能力の低下といった、憂慮すべき状況にあることが指摘され、子ども達を取り巻く環境の変化を考慮する中で、体験学習の重要性が強調されるようになった。また、その機会を教育課程の中に積極的に位置づけたのが、1996（平成8）年の中央教育審議会答申「21世紀を展望した我が国の教育の在り方について」である。そこでは、これからの学校教育のあり方として、「ゆとり」の中で自ら学び自ら考える、「生きる力」の育成が提言された。この「生きる力」も、生涯学習の観点が盛り込まれたもので、それを育成するために総合的学習の創設が提言されることとなる。

総合的学習とは、小・中学校においては、2002（平成14）年度から、高校においては、2003（平成15）年度入学生から実施された新たな科目である。その中で、国際理解、情報、環境、福祉・健康などさまざまな取り組みが展開されている。知識の詰め込み型教育の反省から、生きる力を育てる教育への転換を図るために出された教育改革の目玉である。これは、これまで教科学習や特別活動の中で行われてきた体験学習とは異なり、教科の枠を超え、さまざまな課題への対応として新設されたものである。この総合的学習は、①自ら課題を見つけ、自ら

学び、自ら考え、主体的に判断し、よりよく問題を解決する資質や能力を育てること、②学び方やものの考え方を身につけ、問題の解決や探求活動に主体的、創造的に取り組む態度を育て、自己の生き方を考えることができるようにすること、をねらいとしており、総合的学習は生きる力という生涯学習の基礎的な資質を育成する重要な科目に位置づけられている。

(3)「総合的な学習の時間」と食農教育

　農業教育は体験学習の一環として有用であるが、これまでそれは農業高校生を対象とした、限られた領域で展開されていた。しかし、その領域を越える機会が到来した。それが、小・中・高校で新たに設けられた前述の総合的学習である。

　この総合的学習でこそ、食農教育を取り扱い、積極的に展開されるものといえよう。1998（平成10）年12月に出された「農政改革大綱」の中でも、「学校5日制が完全実施される平成14年に向け、食教育や農林漁業・農山漁村体験学習の充実方策を検討」「小中学生の農業に対する理解を深めるため、小・中学校における農業体験学習への取り組みを促進」などと、農政の視点から指摘されている。しかしさらに、もう一歩踏み込み、子ども達の興味を喚起する農業教育とリンクした食教育を取り入れること、つまり、「食農教育」を総合的学習の中で教材として取り扱うことが重要である。

　食農教育とは、「食教育と農業体験教育を一体のものとして実施していくこと」[4]「食を通じたかけがえのない農業・農村の

理解推進運動」[5]などとされている。食農教育の意義として次の4点があげられる。第1に、自然を大切にする心、驚き、感動、共生の大切さ、思いやり、知的好奇心など、日常生活の中では得られないものを得ることができること。第2に、自分達の手や体を動かすという体験に裏づけられたものの見方や問題解決能力がつくこと。第3に、競争の原理が過度に働かないため、ゆとりをもって活動できること。第4に、飽食の時代において、食べ物を粗末にする子ども達、生産から消費の過程を知らない子ども達が、生産労働の価値、食物の大切さ、生産者への感謝の精神を体得するための良い機会ということ、である。

　実際に農作物や家畜と触れ合うことで、教科書から学んだ知識がリアリティを有し、より深みのあるものとして理解される。また、農作物や家畜を育て、食べるという一連の過程を踏むことは、体験とそこから生ずる知への欲求とが結びついて進行し、学習の成就感や満足感が得られる。「真の知識とは何か」「生きるとはどういうことなのか」、その意義や感覚が失われつつある今日、食農教育は大いなる可能性を秘めている。子ども達をそのような世界に開放し、自分自身の存在を感じられるように導いてやることが必要であろう。さらに、農作物や家畜などを育てる過程に自己の存在を見出していく可能性が高まることなどから、子ども達自身が生きる力を育むものとして、また、自己を発見する重要な契機として、総合的学習において食と農を扱う意味合いは大きい。ただし、総合的学習の中で食農教育の展開の仕方を誤ると、農業への嫌悪感の増幅、農業軽

視、食と農の乖離の感覚などを子ども達に植えつけることになる危険性も有しているので、周到な準備で行わなければならない。

第3節　農業高校での実践とアンケート調査

　本節では、体験的な学習としての農業教育の役割を明らかにするために、農業高校での実践事例と、農業高校生の「農業」に対する高校入学前と入学後のイメージの変化に関するアンケート結果を考察する。

(1) 実践事例

　農業高校では、多くの体験的な学習の場が存在する。その中でも、特に次の4点の実践が注目される。

　第1は、プロジェクト学習である。これは、戦後の新制高校発足当初から農業高校で取り入れられているPLAN-DO-SEEによる問題解決学習である。生徒自身が計画、調査・実験、まとめ・発表を行うことにより、自己教育力を育成し、プレゼンテーション能力を身につけさせる学習方法である。また、一般的に年に一度、校内でプロジェクト発表会が催され、県大会・ブロック大会などを経て全国大会が開かれている。第51回日本学校農業クラブ全国大会（宮崎大会）プロジェクト発表C区分（地域の文化や生活に関すること）で最優秀賞を受賞した、

「21世紀の小さな天使達へ〜ピーマン大作戦！種子から育む愛の原点」と題した、熊本県立鹿本農業高等学校食農研究班の発表では、子ども達（近隣の幼稚園児）の苦手な野菜（ピーマン）を題材に、「農」「食」「子ども達」をつなぐ食農交流活動の取り組みが紹介された。「つくって（農）」、そして「たべる（食）」という食農交流活動を通して、同校の生徒達は「食」は「命」という原点を見出し、「農」や「食」が「愛する心を育むこと」ができるものであると感じたことが発表された。

　第2は、栽培・飼育学習である。例えば科目「農業基礎」の授業の中で行われているイネの栽培である。2〜3人のグループに分かれ、約15品種のイネを1グループが1品種担当し、種子の選別から播種・田植え・生育調査・収穫・収量診断などを行いレポートを仕上げる。農家出身の生徒ばかりではないため、実際に田植え作業などしたことのない生徒にとっては、さまざまなことを感じるに違いない。おそらく、農作業というものをあまり快く思わない生徒もいるであろう。しかし、土に触れるという新鮮な感覚が、興奮という形になって表現されていたように思われる。夏の暑い盛りに調査用紙と定規を持って生育調査を毎週行う。そして、自らの手による収穫作業と収量診断をし、すべての品種を比較する。ここに面白い発見がある。「自分の担当した品種は、他の品種より…」という親近感と愛着が生まれ、調査結果に注目が集まる。そして試食をして、農業の大変さと感動にすら近い喜びを感じる。約半年もの間さまざまな作業に取り組み、生育調査を行ううちにグループ内でも

生徒一人ひとりの役割が明確になり、責任感と使命感が育まれる。そして、田植えから収穫までの過程を経ているがゆえの充実感、自分達が育てたものに対する愛着や自信が生まれる。結果が自分達に返ってくることは、何よりも生徒達に達成感を与えている。

　第3は、科目「総合実習」である。この科目は、「農業各分野の実験・実習など実際的、体験的な学習を通して、各分野の体系化、総合化された技術を習得させ、管理能力、企画力やコミュニケーション能力など実践的な能力と態度を図る科目」[6]である。授業時間はもちろん、放課後や長期休業期間中に教師の指導の下、生徒が農場管理を行う。これは、農場を中心に栽培・飼育管理、加工、農機具操作、農業土木実習、造園実習といった勤労体験学習を重視した科目である。高等学校学習指導要領の中にある働くことや創造することの喜びを体験させ、望ましい勤労観、職業観の育成という観点からも、非常に意義のある科目である。また、生徒と生徒、教師と生徒のつながりについても、空間と時間を共有する結果、お互いの知らなかった一面を見つけることができたり、新たな人間関係が生まれたりする。これらは時間の経過とともに、幅が広く、かつ底の深いものに発展していく可能性を有している。

　第4は、農業高校生が指導する立場に立つことである。北海道立真狩高等学校では農業クラブ活動の一環として、社会性・指導性を培うために、保育園、小学校、中学校との連携学習会を行っている。高校生が主体的にプロジェクト活動の各専門班

でできる内容を検討し、対象校の要望も取り入れながら、計画・立案し、実施している。保育園児と高校生との保・高連携学習会では、高校生が先生役となり、花の説明や植えつけ方を園児達に教え、保育園の周りに花壇苗を一緒に植える。植え込みが終わった後は学校で作ったクッキーを園児達にプレゼントし、ゲームをするなどの交流を行っている。小学校との小・高連携学習会、中学校との中・高連携学習会は、食品加工、バイオテクノロジー、コンピュータなど高校の設備施設を生かした学習会を展開している。そして、高校生は学ぶ側から教える側に立ち、日頃の学習の成果に自信を持って教えている。指導した教諭は、「お互いに学ぶことの楽しさを実感し、高校生はひとまわりもふたまわりも大きく成長」[7]することを指摘している。

(2) 農業高校生に行った「農業」に対するアンケート調査結果

それでは、農業高校で実際に農業というものを経験した生徒達の農業観はどのように変化していくのであろうか。ここでは、1999（平成11）年6月9・10日に岡山県立川上農業高校の全校生徒161名を対象に行ったアンケート調査の結果から、農業高校の3年間で変化する「農業」に対するイメージを考察する（表2−1参照）。そこから、次の4点が指摘できる。

1点目は、農業は「自然的である」と思う生徒が、入学前も後も圧倒的に多いということである。農業と自然が切っても切り離せないものだと考えて入学する生徒が多く、高校において

実際に農業というものに触れることにより、このことを再認識したものと思われる。

2点目は、農業は「明るい」「環境に優しい」「かっこいい」と思う生徒が増え、思わない生徒が減っているということである。実際に自然を相手にし、土に触れたり農作物や家畜に触れたりすることにより、心と体で感じたことが入学前における農業に対するマイナスイメージを払拭したものと推察される。

3点目は、農業に関するマイナスのイメージについてである。農業は「貧乏っぽい」「年寄りっぽい」「暗い」「汚い」「ダサイ」「休みがない」「活気がない」と思う生徒が減り、思わない生徒が増えている。施設化・機械化を目の当たりにしたことや、応用分野や最新の技術に触れたことなどが大きく影響していると思われる。つまり、進歩・進化する農業に触れたことが、農業に好印象を与え、肯定的なイメージに変化させたものと推察される。

にもかかわらず、農業を取り巻く状況の厳しさも感じていることが4点目である。農業は「安定性がある」と思うか、という質問に対しては、どの学年も否定的である。つまり、知れば知るほど就業先としては"不安定な職場"として見ている可能性が大きいのである。また、農業は「仕事がきつい」と思うかという質問に対しては、1年生は「思わない」という生徒が入学前より増えているのに対して、2・3年生では「思う」生徒が増えている。これは、1年生は入学してから半年も経っていないので、農作業に新鮮さや楽しさとも取れるような感覚があ

表2-1　農業に対するイメージの変化

(単位：人)

		1年 (57人)			2年 (48人)			3年 (43人)		
		入学前	入学後	変化	入学前	入学後	変化	入学前	入学後	変化
a. 素朴である	思う	13	14	1	16	12	-4	16	12	-4
	どちらともいえない	36	33	-3	24	25	1	19	20	1
	思わない	8	10	2	6	8	2	6	10	4
b. 人間的である	思う	15	19	4	15	17	2	13	19	6
	どちらともいえない	37	34	-3	26	24	-2	23	21	-2
	思わない	5	4	-1	5	4	-1	6	3	-3
c. 暖かい	思う	18	24	6	16	15	-1	16	18	2
	どちらともいえない	34	27	-7	24	22	-2	20	19	-1
	思わない	4	6	2	6	8	2	6	6	0
d. 自然的である	思う	44	47	3	30	34	4	29	33	4
	どちらともいえない	12	9	-3	14	9	-5	11	6	-5
	思わない	1	1	0	2	2	0	2	4	2
e. 伝統がある	思う	24	31	7	27	30	3	18	22	4
	どちらともいえない	28	20	-8	15	10	-5	16	15	-1
	思わない	5	6	1	4	5	1	8	6	-2
f. 安定性がある	思う	12	10	-2	10	9	-1	8	7	-1
	どちらともいえない	31	33	2	26	26	0	24	21	-3
	思わない	14	13	-1	9	9	0	10	15	5
g. 明るい	思う	10	19	9	11	16	5	12	15	3
	どちらともいえない	41	34	-7	25	24	-1	23	23	0
	思わない	6	4	-2	10	5	-5	7	5	-2
h. 環境に優しい	思う	25	31	6	23	24	1	19	25	6
	どちらともいえない	30	25	-5	19	17	-2	20	17	-3
	思わない	2	1	-1	4	4	0	3	1	-2
i. かっこいい	思う	3	5	2	2	3	1	2	3	1
	どちらともいえない	25	33	8	23	21	-2	16	21	5
	思わない	29	19	-10	21	21	0	24	19	-5

第Ⅱ章 農業高校における一般教育としての農業教育のあり方

			1年 (57人)			2年 (48人)			3年 (43人)		
			入学前	入学後	変化	入学前	入学後	変化	入学前	入学後	変化
マイナスのイメージ	j. 貧乏っぽい	思う	5	8	3	10	7	-3	11	3	-8
		どちらともいえない	37	31	-6	26	27	1	22	26	4
		思わない	15	18	3	10	11	1	9	14	5
	k. 年寄りっぽい	思う	11	6	-5	14	7	-7	11	7	-4
		どちらともいえない	28	29	1	23	25	2	22	19	-3
		思わない	18	22	4	9	13	4	9	17	8
	l. 仕事がきつい	思う	18	15	-3	18	25	7	17	23	6
		どちらともいえない	26	21	-5	22	16	-6	20	19	-1
		思わない	13	21	8	6	4	-2	5	1	-4
	m. 暗い	思う	6	5	-1	10	4	-6	8	2	-6
		どちらともいえない	30	25	-5	23	23	0	23	23	0
		思わない	21	27	6	13	17	4	11	18	7
	n. 汚い	思う	7	4	-3	10	6	-4	8	4	-4
		どちらともいえない	34	25	-9	18	21	3	18	17	-1
		思わない	16	28	12	17	17	0	16	22	6
	o. ダサイ	思う	8	5	-3	11	9	-2	8	4	-4
		どちらともいえない	34	29	-5	21	21	0	25	23	-2
		思わない	15	23	8	12	14	2	9	16	7
	p. 休みがない	思う	17	12	-5	12	16	4	13	11	-2
		どちらともいえない	30	33	3	17	15	-2	20	19	-1
		思わない	10	12	2	17	14	-3	9	13	4
	q. 活気がない	思う	5	5	0	9	7	-2	7	5	-2
		どちらともいえない	36	31	-5	24	25	1	20	23	3
		思わない	16	21	5	13	13	0	15	15	0

資料:1999年に岡山県立川上農業高等学校の1～3年全員(1年生60名、2年生55名、3年生46名の計161名)を対象に行ったアンケート調査より作成。なお、回収できたのは148名分で、回収率は92%である。

ることにより、このような結果になったと思われる。

　以上、農業に3年間触れる中で育まれるものは、知識だけでも体験だけでもない。体験が伴うからこそ知識が知識として生かされ、生徒達の内面にまで影響をもたらしていると考えられる。ここでのポイントは3点に要約される。第1に、高校での3年間に知識と体験が結合するということ、第2に、農業を介して生徒達に自信・責任感・愛情・勤労観・充実感などが育まれるということ、そして第3には、入学後の「農業」に対するイメージが入学前と大きく異なっていること、である。農業が軽視されている今日、農業高校に入学して実際に農業に触れ、そして体験をすることによって良い部分も悪い部分も感じ、あるがままの農業の姿が生徒達の内面にまでも浸透していっていることがうかがえる。

第4節　事例分析

　本節では、農業高校における「自然養鶏」の取り組みから、生徒の価値意識に着目し、意識変化とその要因を分析し、食農教育の教育的効果について考察する。

(1)　事例の概要

　岡山県立高松農業高等学校（以下、「高松農業高校」と略す）は、1897（明治30）年に岡山農事講習所（岡山市津島）とし

て開所し、1899（明治32）年に岡山県農学校として創立された。同校は、農業科学科、園芸科学科、畜産科学科、農業土木科、食品科学科の5学科からなる約600名の農業高校である。

その中の畜産科学科は、家畜という産業動物を扱っており、そこに入学してくる生徒は動物飼育に非常に興味を持っている。特に近年、家畜の糞尿問題やＢＳＥ問題を契機に環境や食の安全性、環境保全型・自然循環型農業に対して強い関心を示している生徒が多い。そこで、単なる家畜の飼育についての学習ではなく、家畜の飼育を通して生命教育・環境教育を盛り込むことが可能で、そして今日問題になっている生産と消費の乖離問題を解決するために「自然養鶏」を題材として取り上げ、飼育から採卵、と殺・解体そして食すという行程を踏む食農教育の実践を慣行養鶏と自然養鶏の比較という観点から2001（平成13）年度より試験的に始めた。自然養鶏とは、立体的に区画され企業化されたケージ養鶏（慣行養鶏）とは異なり、自然環境に近い状態で飼育（平飼い）し採卵する養鶏法である。

そして、2002（平成14）年度より本格的に科目「総合実習」で実践した。対象生徒は養鶏専攻生の2年生12名である。指導計画の内容は表2－2に示した。

まず、ヒナ10羽をふ卵業者から購入し、育すう器で飼育した後、校内で集めた廃材を利用して簡易の鶏舎（床面積：約12㎡）や給餌器を製作し、飼育した。そして、一般的に用いられている市販の配合飼料は用いず、高松農業高校から出たくず米や野菜くず、雑草、近隣の豆腐屋から出たおからなどの農業

表2−2 「自然養鶏」の学習指導計画

段　階	内　　容	指導上の留意点
①1年次の復習と養鶏の現状の把握	科目「農業基礎」で学んだことを復習する。書籍・インターネット等で養鶏のレポートを作成する。	復習プリントを準備し、鶏飼育の基礎を思い出させる。自然養鶏とケージ養鶏の違いを認識させ、養鶏をはじめとした畜産業界の抱えている問題点に気づかせる。
②鶏舎の建設	ケージ養鶏と自然養鶏の鶏舎について調べ、設計図・工程表を作成した後、鶏舎の建築をする。	本校の鶏舎の図面で基本的な構造を理解させ、自然養鶏鶏舎を分担・協力させ建築させる。コスト面・環境面について考えさせ、廃材利用をすることに気づかせる。
③飼料の収集と配合	飼料の給与について調達先や配合割合を考えさせ、収集と配合を行う。	完全配合飼料の輸入依存度や安全性について理解させ、校内や地元地域周辺の農業残渣・食料残渣の利用に気づかせる。
④床面の検討	床面材料を考え、収集した後、鶏舎内に入れる。	糞尿処理に対処するため、自然循環型の堆肥システムにできるよう考え、校内の落ち葉や籾殻等の活用に気づかせる。
⑤ヒナの導入	ヒナの導入に関して事前に復習をする。よいヒナの見分け方について学ぶ。	再度、飼育方法を確認させ、それぞれのヒナの担当者を決め、責任感を持たせる。
⑥飼育管理	飼育計画を立て、管理する。	飼育暦・飼育日誌に毎日記録させ、生徒の自主性を尊重し、飼育管理に責任を持たせる。休日等の飼料給与に関しても、生徒に任せ、特に何も指示せず他の者と協力できる体制をつくる。
⑦卵・肉の試食	採卵した卵を試食する。鶏をと殺・解体し、試食する。	食物を得ることの大変さ、と殺・解体することの意味等、自分達が育ててきた鶏の恩恵に気づかせ、「食」・「命」について考えさせる。
⑧まとめ	1年間取り組んできたことをレポートにまとめ、発表会を行う。	個々にレポート作成をさせ、1年間の反省と来年度の「課題研究」のテーマを考えさせる。発表会を通じて問題点を再認識し、自己評価を行う態度を育成する。

資料：岡山県立高松農業高等学校の学習指導計画より抜粋。

残渣や食料残渣を飼料として与えた。

　約150日経ってから産卵を開始した。卵を発見した生徒は、普段見慣れているはずの卵に興奮・感動し、予想以上の反応を示した。そして、翌日から生徒達はさらに関心を持って飼育に携わった。その感動が薄れないうちに、産んだ卵を用いて調理実習を行い試食した。調理する際には特に変化は見られなかったものの、実際に食べるときには、口にするまで5か月以上かかったという実感があったようで、生徒同士で「ここまでくるのに長かった」「本当に大変だなあ」と話していた。

　3学期に入ってからすべての鶏のと殺・解体を行った。生徒達は経済年齢を終えた鶏が最終的にと殺・解体されることは既に学んでおり、一連の実習として理解していた。そこでは、涙するものや目をそむけるものが大半であったものの、産業動物として人間の命を支えているということは理解しているようであった。そして、1羽だけを完全に解体し、ササミやモモ肉などの部位がどのように構成されているかに感心していた。残りは生徒全員でスモークチキンへと加工し、試食をした。何人かの生徒は自分達の飼育した鶏をと殺・解体して食べることには抵抗があると考えていたが、実際に今まで他の授業で「畜産」というものを学んでいる点や、と殺を目の当たりにしていたという点であまり抵抗はなかった。

(2) アンケート調査と評価

　自然養鶏の取り組みについて、生徒の評価を把握するためにヒアリング調査を行った。ヒアリング調査は実施後の2003（平成15）年1月に生徒全員（専攻生12名）を対象に行った。また、自然養鶏を始める前と後の生徒の意識がどのように変化したかを把握するため、エレメント想起法に基づいて、「『自然養鶏』で思いつくキーワードは（複数回答可）」というアンケート調査も行った。このエレメント想起法は、与えられた言葉に対して思いつく簡単なキーワードを短時間に記入させるもので、体験前と体験後に行いそのキーワード群からその有効性を探るものである。これを取り組み開始時の2002（平成14）年4月と、と殺・解体、試食が終了した時点の2003（平成15）年1月にアンケート調査を行い、思いつくキーワードを10個まで記入させた。

　ヒアリング調査の結果は以下の通りとなった（表2－3参照）。

　まず、「自然養鶏から学んだこと」という設問の結果、最も多かった回答は「生命の大切さ」であった。これは、と殺・解体という体験を今まで体験したことがなく、実際に自分達の手で鶏の命を奪うことによって、今まで漠然としていた「生命」というものについて考えさせられたのであろう。また、今まで体験してきているであろう動物の病死や衰弱死以外の「死」について考えさせられたと推察される。

　次に多かったのが「生きるということ」である。これは鶏自

第Ⅱ章　農業高校における一般教育としての農業教育のあり方　53

表2-3　ヒアリング調査の結果

「自然養鶏」を通して学んだこと	数（人）
生命の大切さ	12
生きるということ	11
自然養鶏の面白さ・楽しさ	9
自然を相手にするのは容易ではない	9
一人ひとりが責任を持たなければならない	7
人間は残酷な生き物である	7
作ったものを食べることの喜び	6
環境保全型農業の重要性	6
家畜と人間との関わり	5
鶏が「かわいい」だけではなくなった	5
食物の安全性	5

注：2003年1月に岡山県立高松農業高等学校畜産科学科の養鶏専攻生全員（12名）を対象に行ったヒアリング調査より作成。

身が家畜として生きるということと、人間も含めたすべての生物が生きていくためには多くの命を犠牲にして成り立っているということの2つの視点で捉えている生徒が多かった。「家畜と人間との関わり」という回答が多かったこともその観点からであると考えられる。

そして、「作ったものを食べることの喜び」が多かった背景には、150日間という長期間にわたって飼育した後に実際に手にした卵と、と殺・解体した肉を調理して食べたことがあげられる。現在、飽食の時代となり、生徒達は容易に食物を得ることができるが、実際に自分達で食物を得るために時間かけて取り組むことによって得ることの大変さや感動に近いものを感じたのであろう。

また、鶏舎の床面を自然の堆肥生産システムとして考え、その堆肥を飼料畑に還元したことや、校内から出る農業残渣や家庭から出る食料残渣を飼料として利用することによって、「環境保全型農業の重要性」について考えたこと、さらに、自分達の手で収集した安全な飼料を用いて飼育した鶏の卵・肉について、「食物の安全性」について考えたことは、意図していた結果となった。

　次に、エレメント想起法によるアンケート調査の結果は以下の通りとなった（表2-4参照）。

　まず、回答要素数合計を各調査時で比較したときの増減は、自然養鶏を体験したことにより生徒の知識や見方がどの程度広がったかという指標になると考えられる。回答要素数合計は、実施前は24種類・85件であったが、実施後は41種類・120件と大幅に増加した。生徒達は、自然養鶏の体験を通して新たな知識や見方を会得したと考えられる。これらより、次のような知見が得られた。

　第1に、体験前は自然養鶏を取り巻く身近な環境を想起しているものが目立ったが、体験後は「飼料収集・配合」「卵拾い」「餌やり当番」という自分達の体験を意識したキーワードが新出した。体験を通すことによって、実際に生産しているという実感と、自分達の責任で飼育しているということを自覚しているという気持ちが発生したことがうかがえる。

　第2に、「生命」「と殺」「経済動物」というキーワードが新出したことがあげられる。特に、「生命」というキーワードに

関しては全員が想起していることには注視すべきである。実際に自分達の手でと殺・解体したことや、卵・肉の試食をしたことからいかにと殺・解体・試食するということが衝撃的で、かつ「生命」というものに直面し、それぞれの生徒が考えさせられたかがうかがえる。そして、鶏は人間にとって「経済動物」であり、その上に我々人間の生命が成り立っていることも認識

表2-4　エレメント想起法により想起されたキーワード

2002.4 に想起された キーワード	数（人）	2003.1 に想起された キーワード	数（人）
自然養鶏	12	自然養鶏	12
自然	9	生命	12
自由	8	と殺	9
自然卵	7	安全	8
平飼い	6	自然	8
広い	5	自然卵	8
大地	4	自由	7
ミミズ	4	環境	7
安全	4	放し飼い	6
美味しい	4	飼料収集・配合	5
草	4	卵拾い	5
太陽	3	経済動物	5
健康	3	太陽	5
環境	2	ミミズ	4
		餌やり当番	4
		廃材	3
		手間	2
		健康	2
		堆肥	2

注：2002年4月と2003年1月に岡山県立高松農業高等学校畜産科学科の養鶏専攻生全員（12名）を対象に行ったアンケート調査より作成。なお、本表は2人以上の回答を記載。

したに違いない。

　第3に、「安全」「環境」といったキーワードを想起する生徒が増えたことである。「食」の安全性に関しては興味を持つ生徒は当初から存在したが、生産する過程から携わり、それが自分達の口に入るという前提で取り組んでいるため、「安全」というキーワードが増えたものと考えられる。また、導入部分で環境問題を扱っているので意識的に考えたり取り組んだりした結果であると考えられる。しかし、「安全」というキーワードが増えたのであれば、「健康」も増えると考えられるが、実際はほとんど変化がなかった。これは「健康」といったキーワードは我々人間ではなく鶏に対して想起したものであると考えられ、それ以上に食品としての安全性に注目したものと推察される。

(3) 食農教育の教育的効果

　本節では、単なる農業体験ではなく、調理・加工して食べるという行程まで、すなわち食農教育を通して生徒の意識変化を分析し、自然養鶏が食農教育の1つの手法として教育的効果があるか否かについて考察してきた。

　その結果、本事例では次のことが明らかとなった。

　第1に、と殺・解体という行為を体験することによって生命というものに直面し、今まで動物の接し方はペットとしての接し方しか体験してこなかった生徒にとって衝撃的な事象であり、「かわいいだけではなくなった」といった回答があるよう

に、自分の手で鶏の生命を絶つことにより、多くの生命の上に我々人間や多くの生物の生命が成り立っているということに気づいた点である。

第2に、鶏舎の床面から作り出される堆肥を飼料畑に還元すること、農業残渣や食料残渣を飼料化したこと、そして、鶏舎や給餌器などは廃材を利用して製作したことを通して、「環境問題」に非常に興味を持つ生徒が増えた点である。

第3に、ヒナの飼育から卵・肉の生産、そして食すという一連の行程を踏むことによって、漠然とした「生産→消費」のイメージが明確に認識でき、また、それを体験することによって食と農の乖離が打破できた点である。

第4に、自然養鶏を体験する前に比べ、体験後は生徒の意識変化が明確に現れており、自然養鶏の取り組みが生徒の内面に及ぼす影響が確認できた点である。例えば、生徒の作文に「廃棄物を簡単に捨て、環境を破壊するのではなく、例えば餌としてエネルギーに替え、そこからおいしい卵を作り出し、そして、糞を肥料として自然に帰していく。そんな人にも地球にも優しい画期的な循環型農業を私は目指します」といったものがあり、自然養鶏の取り組みを通して、十分ではないが、多角的な視点、考える力や判断力も身についたと考えられる。

第5に、生徒達に自主性が現れた点である。生徒に担当のヒナを割り当てることによって、飼育管理に関して生徒が自主的に餌当番・水やり当番を組み、長期休業中も継続して行われた。また、飼料配合する際に飼料栄養価や抗生物質について考

え、調べるようになった。さらに、他の自然養鶏を行っている農家を見学をしたり、市内にある養鶏農家に実習に行ったりするなど、今までにない生徒達の前向きな姿があった。

　以上のように、農業高校における食農教育実践である自然養鶏の取り組みには、一定の教育効果があることが明らかとなった。次節では、その食農教育をどのように農業高校で展開していくかについて考察する。

第5節　農業高校の食農教育の拠点化

(1) 小・中・高校と農業高校

　問題はどのようにして食農教育を展開していくかである。総合的学習においては、各学校の裁量に任されマニュアルもないため、試行錯誤が続いている現状にある。それらを解決するために、農業高校を活用することを提案する。なぜなら、農業高校には農業体験学習の内容や方法を多面的に生かすノウハウや教育資源を内在しているからである。特にプロジェクト学習法は、児童・生徒が目的の達成に向けて課題解決を進めていく学習方法として注目されるべきである。また、小・中学校での総合的学習において、段階的に食農教育を展開する際に、農業高校は食農教育の拠点として、その持ち得ている機能を最大限に発揮できる。つまり、小・中学校は総合的学習に農業高校を活用する側であり、農業高校は活用される側という関係の構築が

目指されなければならないのである。

　例えば、小学校段階で食農教育を取り扱うのであれば、子ども達の興味・関心を喚起させるため、農業高校の保有する農場の一部で、農から食まで一貫した体験学習を行う。中学校段階は、自我の目覚めによって事物・経験を概念・法則によって論理的に道筋を明らかにする非常に重要な時期である。したがって、科学的な概念・法則と体験が結びついた基本的・体系的認識段階と位置づけ、農場だけではなく農業高校の実験施設や加工施設までを活用できる体制を整える。さらに、農業高校以外の高校との間においても、単位認定を行ったり単位交換制度を確立したりすることも前向きに検討されるべきであろう。

　農業高校が総合的学習の展開の場として活用されることにより、農業高校にとっても食・農の持つ教育力を最大限生かす機会を得ることになり、メリットがある。それは、農業教育の理解と発展につながることでもある。現在の小学校の社会や中学校の地理の教科書では、産業としての農業を扱う量が少なく、内容に乏しさを感じる。その扱われている内容では、子ども達の想像力を抑制したり、誤ったイメージを創り上げたりする可能性がある。実際に現場で触れることにより、幅と深みのある理解を可能とするのである。

(2) 地域社会と農業高校

　現在でも、「土くささ、泥くささは嫌悪と蔑視の対象とみなされる」[8]風潮は確かに存在する。しかし、そもそも農業は社

会的、立地的、風土的にも地域社会と切っても切り離せない産業として永続してきた。つまり、農業は地域社会性という基盤を有しているのである。農業高校の歴史を振り返ってみても、農業高校と地域社会は以前から密接な関係を保ってきたことがわかる。

例えば、地域における農業センター的な位置づけの下で農業生産に関する技術や情報などを提供してきた。例えば、ほとんどの農業高校では開放講座が実施されているが、岡山県の高校でも、1978（昭和53）年より県の生涯学習事業の一環として、「高等学校開放講座」と題して開放講座を設けている。その趣旨は、「高等学校が有する教育機能を地域社会に開放し、人びとが一般教養及び専門知識・技術を学習する本講座を開設し、生涯学習の推進に資する。また、地域社会との交流を深めることにより、学校教育の活性化を図り、特色ある学校、魅力ある学校作りにつなげる」とある。

また、1999（平成11）年6月の生涯学習審議会が、「青少年の『生きる力』を育む地域社会の環境の充実方策について」と題する答申を出した。これは、地域社会での生活体験・自然体験による心の教育の充実を目指したものであり、学校だけではなく、家庭・地域で子ども達を育てていこうとしたものである。このような動きは、農業高校が地域社会においても食農教育を推進していくための促進条件として注目されよう。

これからの農業高校は、地域社会を単なる外的環境として捉えるのではなく、双方向的に「連携」の関係を構築し、地域の

学習センターとして確立される必要がある。そのためには、学校の施設の開放だけではなく、学校の教育活動を地域社会の人びとに理解してもらい、農業高校の教育力への信頼を高めなければならない。それを通じて初めて、信頼に基づいた連携の関係が構築されよう。

(3) 食農教育の拠点として

　農業高校はこれまで、職能教育の教育施設として農業後継者育成の重要な一翼を担ってきた。しかし、現在では就農や農業関連産業への就職希望者が極めてわずかとなり、以前とは異なった存在意義を追求しなければならない。もちろん、専門的な基礎・基本を身につけさせることも忘れてはならないが、これからの農業高校のあり方の1つとして「食農教育の拠点」として、その存在意義をアピールすべきである。

　その理由として、次の4点があげられる。第1に、農業高校では、実験・実習をはじめとした体験学習を重視しており、問題解決型学習のノウハウを持っている。第2に、単なる体験教育の場ではなく、「体験と知識とが実践的・有機的」[9]に結合することができる。第3に、総合的学習で活用されるだけの教育資源がある。第4に、地域社会性という基盤を有した学校である、ということである。

　それらを踏まえた上で、農業高校が食農教育の拠点となるための体系図を示した（図2－1参照）。まず保育園、幼稚園には農業体験の場として、小・中学校には総合的学習の場として

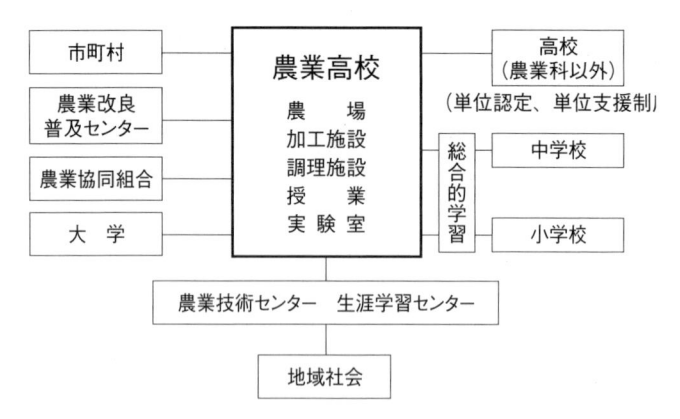

```
┌─────────┐      ┌──────────┐      ┌──────────┐
│ 市町村   │─────│ 農業高校 │──────│  高校    │
└─────────┘      │          │      │(農業科以外)│
┌─────────┐      │ 農  場   │      └──────────┘
│農業改良 │─────│ 加工施設 │    (単位認定、単位支援制)
│普及センター│    │ 調理施設 │   ┌──┐┌──────────┐
└─────────┘      │ 授  業   │───│総││ 中学校    │
┌─────────┐      │ 実 験 室 │   │合│└──────────┘
│農業協同組合│───│          │   │的│
└─────────┘      │          │   │学│┌──────────┐
┌─────────┐      │          │───│習││ 小学校    │
│ 大  学   │─────│          │   └──┘└──────────┘
└─────────┘      └────┬─────┘
                      │
        ┌─────────────┴─────────────┐
        │農業技術センター 生涯学習センター│
        └─────────────┬─────────────┘
                      │
                ┌─────┴─────┐
                │ 地域社会  │
                └───────────┘
```

図2－1　農業高校が食農教育の拠点となるための体系図

開放し、農業高校以外の高校では単位認定をする。また、農業高校の単なる生き残り戦略としての地域社会との連携ではなく、農業技術センターとして、さらには生涯学習社会に対応した生涯学習センターとして、地域社会にも開放していくべきであろう。そのためには、市町村を筆頭に農業改良普及センター、ＪＡ、さらには大学と連携することも重要である。農業高校が農場、加工施設、調理施設、実験室、授業などの教育資源を可能な限り開放することにより、真の開かれた学校として認識されるのではないだろうか。その際重要なことは、農業高校の生徒達を参画させることである。生徒達に主体的に計画・立案させることにより、彼ら自身が自分達の存在価値を見出し、さらには、自己教育力の育成が期待される。

　農業高校が食農教育の拠点となり、食農教育を社会的教育システムとして確立し、知、情、体といった多元的なものを育む

場となる。本章で述べてきた農業高校のあり方をキーワード的にいえば、「職能教育から食農教育への発展的展開」である。

今後、学校教育制度自体が点検評価される時代を迎えることになる。その流れの中で農業高校には、生命の営みに毎日向き合うことができる場所、自然と人為の相互関係を体験できる場所、といった農業に関する教育的方法を備えた、食農教育の拠点としてのあり方が、今後ますます求められることになるだろう。

注
1) 碓井［2］pp.105-133 の中で、織田又太郎『農民之目醒』、裳華房、1906 年の記述を紹介し、農業学校が農民のための教育機関の機能を果たしていないとの批判を記している。
2) 岡山県高等学校農業教育協会［3］p.56 を参照のこと。
3) 文部省［6］を参照のこと。
4) 中国四国農政局のホームページ
 (http://www.chushi.maff.go.jp/syokuno/) を参照のこと。
5) 東北農政局のホームページ
 (http://www.tohoku.maff.go.jp/shokuno/) を参照のこと。
6) 文部省［6］pp.43-49 を参照のこと。
7) 柴田［5］pp.84-86 を参照のこと。
8) 坂本［4］p.35 を参照のこと。
9) 一の瀬［1］p.223 を参照のこと。

参考文献
［1］ 一の瀬忠雄他『教育にとって自然とは』、農山漁村文化協会、1979
［2］ 碓井正久監修『日本農業教育史』、農山漁村文化協会、1981
［3］ 岡山県高等学校農業教育協会『岡山県農業高校五十年史』、岡山県

　　　　　高等学校農業教育協会、1999
［4］　坂本慶一『教育と農村』、地球社、1986
［5］　柴田政二「農業高校生が教える食体験学習」『学校の食事』、6月号、
　　　　　学校食事研究会、1999
［6］　文部省『高等学校学習指導要領解説農業編』、実教出版、2000

第Ⅲ章
農業高校における職業教育のあり方
―「新日本版デュアルシステム」の提案―

第1節 農業高校の現状

(1) 生涯学習と専門高校

　専門高校はこれまで、中堅技術者の養成を中心に有為な職業人の育成などで重要な役割を果たし、我が国の産業の発展に寄与してきた。しかし、現在では産業構造や就業構造が変化し、科学技術の高度化が進む中で、専門高校を取り巻く環境は大きく変わり、高度な専門的知識・技術に柔軟に対応できる能力と資質を持った人材の育成が求められている。そして、専門高校はこのような社会の進展に対応し、生涯を通じて学び続ける生涯学習社会の実現を目指し、その基礎的段階を担っている。このような考え方は、1985（昭和60）年から1987（昭和62）年における臨時教育審議会答申において、学校教育中心の考え方から脱却し、生涯学習体系への移行を主軸とした教育体制の再編成が提言されたことに始まる。これにより、学校教育は

生涯学習体系の一部として位置づけられた。また、1983（昭和58）年の中央教育審議会「審議経過報告」に登場した主体的に学ぶ意志、態度、能力などの「自己教育力」の育成が生涯学習の観点からも重要視され、1996（平成8）年の中央教育審議会答申に登場する、自ら学び、自ら考える力などの「生きる力」の育成へと理念は引き継がれた。

　専門高校は、望ましい職業観・勤労観を育成し、将来の職業生活に必要な専門的知識・技術の基礎・基本を身につけさせることをねらいとした職業教育施設である。これまでの専門高校における教育は、職業人の育成を念頭においた完成教育としての側面が非常に強調されていた。しかし、前述したような社会環境の変化などが、これまでの職業教育の考え方を見直す契機となった。

　そこで、近年の農業教育はもとより、職業教育全般の閉塞的な状況を打開するために、1995（平成7）年に文部省に設けられた「職業教育活性化策に関する調査研究会議」は、『スペシャリストへの道』と題する報告書を取りまとめた。これは、これからの職業教育の役割や具体的な活性化方策について検討されたもので、その内容は普通科高校への進学に偏った現在の進路指導を改め、職業学科で有用な人材を育成できるように、との考えに基づいてまとめられている。同会議はこの考えに立って、①職業学科への入学者に関すること、②教育内容に関すること、③卒業後の進路に関すること、の3点から方策を提起している。この3点目の卒業後の進路については、自ら学ぶ意欲

や社会の変化に主体的に対応できる能力を身につけさせ、卒業後も職業生活に必要な知識・技術に関する学習を継続することが求められている。

そして、1996（平成8）年7月、中央教育審議会から「21世紀を展望した我が国の教育の在り方について」と題する答申が出された。同答申では、①今後における教育のあり方および学校・家庭・地域社会の役割と連携のあり方、②一人ひとりの能力・適まさに応じた教育と学校間の接続の改善、③国際化、情報化、科学技術の発展など社会の変化に対応する教育のあり方、の3点が主に検討されている。

このように、専門高校における職業教育のあり方についての議論は非常に活発なものとなった。さらに、1997（平成9）年の理科教育及び産業教育審議会答申「今後の専門高校における教育のあり方等について」では、完成教育としての職業教育ではなく、生涯学習の視点を踏まえた教育のあり方が提言された。これにより、職業教育は高等学校段階で完結するものではないことが明示されたのである。

つまり、専門高校において、卒業後の継続した学習も視野に入れて捉え直し、生涯にわたって学習する意欲や態度を育成することの重要性が叫ばれたのである。そして、将来のスペシャリストとして必要とされる専門性の基礎・基本を重視する教育を展開するために、教育内容をいかに改善・充実するかが問われることになった。

(2) 農業高校の評価と入学者の実態

　第2次世界大戦後、旧制農業学校は新制の農業高等学校に転換され、科目「総合農業」、ホームプロジェクト[1]、学校農業クラブ[2]、問題解決学習が戦後の農業教育に多大な影響を与えた。これらによって、昭和後期の農業高校の原型が提起されたといえる。しかしその後、我が国の社会的経済的状況のダイナミックな変化の中で、農業高校の位置づけは低下することになる。

　それでは、なぜ農業高校の評価はあまり芳しくないものとなったのか。農業高校軽視の主要因として次の2点が考えられる。1つは、学歴偏重社会を反映して、大学進学を目指した普通科高校よりも、専門高校が下位に位置づけられる傾向があることである。もう1つは、社会の産業構造や就業構造の変化とともに、都市と農村の格差、農村の荒廃、そして産業としての農業の衰退と将来的な不透明感などにより、農業そのものが縮小産業の傾向を強めていることである。

　農業高校の現状を数字で見ると、その停滞状況が如実にわかる。全国の高等学校数と生徒数は、1975（昭和50）年以降急増し、1989（平成元）年に両者ともピークに達したが、その後急減していった。しかし、農業高校は全国に679校あった1970（昭和55）年当時から年々減少し、現在では400校を割り込んでいる状況にある[3]。より問題の深刻さを表す現象として、学校数が減少しているにもかかわらず、入学者の定員割れが起きている学校が少なくないことである。

入学してくる生徒について見てみると、「第一、農業高校への入学を最近の生徒は好まない。農業高校の存在する意味や、問題点が明らかにされないまま、親や教師、地域の人々の意識の中で農業高校というものがゆがめられ、失われつつある。第二に、生徒の意識の中には、労働蔑視、農業蔑視の思想が植えつけられている。第三に、学ぶことの喜びとか、自信を失っている生徒が多い。そんな生徒が偏差値だけで評価されて自信や意欲を喪失して、農業高校に入ってくる」[4]といった否定的な実態がある。さらに、農業高校生の構成を見てみると、非農家出身の生徒がかなりの割合を占めている[5]。

農業高校への進学理由として、次の4点をあげることができる。第1には、就農および農業関連産業への就職希望者がいることである[6]。第2には、農村ではいまだに地元地域高校への進学志向が根強く残っていることである。第3には、農業高校は歴史があり、部活動やクラブ活動が活発で、伝統と実績があることである。第4には、学力不振のための選択であるということである。これは高校進学率がほぼ100%であり、高校教育が準義務教育化していることが強く影響しているということがいえよう。つまり、学力不振者が「入れる高校」を選択する結果、農業高校に進学することになる。今日では、この第4の理由が最も大きなウエイトを占めていると考えられる。

農業高校は当初、自立した農業経営者や農業関連産業従事者の育成を掲げた職能教育の施設としての存在意義が明確であった。しかし近年では、選択肢の1つとして、農業高校がいかに

入学者の多様化に対応すべきかが問われている。

第2節　農業高校における職業教育の実態

(1) 就農ルートの多様化と Semi-OJT

　かつて農業経営は、家族経営の下に営まれ、農家子弟は学校卒業後に家族経営体の構成員として就農し、世代交代を通じて経営権が委譲されるという形で継承されてきた。しかし、高度経済成長期以降、農村の労働力の流出、産業構造の変化、少子化の進行などにより、家族経営の継続を基本として展開していった農業基本法農政が問題を露呈する中で、後継者問題の議論が現在へと続いている。

　そのような状況の中で近年、社会的情勢が変化し、新規就農者が増加傾向にある。表3－1の新規就農者の推移を見てみると、1990（平成2）年に底を打ってから徐々に増加し、2001（平成13）年には約5倍と飛躍的な増加をしている。しかし、新規学卒就農者や39歳以下の離職就農者の合計である新規就農青年の割合は、新規就農者のうち約15％と非常に低い水準となっている。つまり、新規就農者のうち将来的な担い手と期待できうる者はわずかであり、大半は年齢的条件から長期的視野に立った将来図を描くことは非常に困難な状態であるといえる。そして、生きがいや自然志向といった「生き方としての農業」[7]として新規就農する者も少なからずいることを考慮する

表3-1　新規就農者の推移

	新規就農者	うち新規学卒就農者 ①	うち離職就農者	うち39歳以下の離職就農者 ②	新規就農青年 ①+②
	(千人)	(千人)	(千人)	(千人)	(千人)
昭和60年	93.9	4.8	89.1	15.7	20.5
平成2年	15.7	1.8	13.9	2.5	4.3
平成7年	48.0	1.8	46.2	5.8	7.6
平成12年	77.1	2.1	75.0	9.5	11.6
平成13年	79.5	2.1	77.4	9.6	11.7

資料：農林統計協会『図説　食料・農業・農村白書平成14年度版』（農林統計協会、2003年）、p.90より引用。

と、農業が1つの産業として永続するか否か、やはり楽観視できる状況にはない。

　次に、就農ルートについて見てみる。現在の就農ルートを類型化したのが表3-2である。澤田[8]は、農家子弟を「新規学卒就農者」と「離職就農者」に分類し、さらに「新規学卒就農者」を「自家農業就業者」と「非自家農業就業者」に分類した。また、「離職就農者」を「在宅離職就農者」と「Uターン就農者」に分類し、さらにそれぞれを「自家農業就業者」と「非自家農業就業者」に分類した。そして、非農家出身者の新規参入者を「自営就農者」と「法人就職者」に分類し、類型化した。

　それでは、新規就農者の大半を占める離職就農者について見

表3-2 多様化した就農ルートの類型化

		自家農業就業者	
農家子弟	新規学卒就農者	非自家農業就業者	自営就農者
			法人就職者
	離職就農者	在宅離職就農者	自家農業就業者
			非自家農業就業者
		Uターン就農者	自家農業就業者
			非自家農業就業者
非農家出身者	新規参入者	自営就農者	
		法人就職者	

資料：澤田［6］、p.4より引用。

表3-3 離職転入者に占める非農家子弟の割合の推移

区 分	平成11年次 (10年6月～11年5月)	平成12年次 (11年6月～12年5月)	平成13年次 (12年6月～13年5月)
農家子弟	64.1%	63.5%	60.5%
非農家子弟	35.9%	36.5%	39.5%

資料：農林統計協会『図説 食料・農業・農村白書平成13年度版』（農林統計協会、2002年）、p.40より引用。

てみる。表3－3からもわかるように、離職転入者（離職就農者）のうち6割強は農家子弟であり、実際に就農する形態としては、表3－4のように「既存農家の家族・構成員として就農」するケースが圧倒的に多く、Uターン就農者や労働力移動を伴わない在宅離職就農者（例えば定年帰農者など）による就農ということが推測できる。また、4割弱の非農家出身の新規参入者は「新規参入による農家の経営主として就農」や「家族以外の事業体に雇用され就農」といった形態が多い。1960年代までは、表3－2でいうところの農家子弟の新規学卒就業者

第Ⅲ章　農業高校における職業教育のあり方―「新日本版デュアルシステム」の提案―　73

表3－4　出身別にみた新規就農者の就職先の状況

区　分	新規参入による農家の経営主として就農	既存農家の経営主として就農	既存農家の家族・構成員として就農	家族以外の農業事業体に雇用され就農	サービス事業体に雇用され就農	その他	計
農家子弟	3.2%	4.7%	86.5%	2.9%	1.1%	1.5%	100.0%
非農家子弟	43.0%	0.5%	10.1%	31.3%	6.4%	8.7%	100.0%

資料：農林統計協会『図説　食料・農業・農村白書平成13年度版』（農林統計協会、2002年）、p.41より引用。

の「自家農業就業者」ルートが中心であったが、現在では、農家子弟の離職就農者や非農家出身の新規参入者といった就農ルートへと多様化した様相を呈している。

次に、農業高校卒業後の進路から、農業高校における職業的スキルの形成について見ていく。

かつて農業高校を卒業した者は、自家農業就業者として就農する割合が非常に高かった。それは、農家出身者が多かったということに加え、卒業後は家族労働力として就農せざるを得なかったという背景もあるからである。しかし、現在の農業高校の入学者の実態は、農家出身者の割合は非常に低く、非農家出身の生徒がかなりの割合を占めている[9]。そして、その多くは農業とは関係のない就職・進学の道を歩んでいく。

それでは、農業に関する学科を卒業した後の進路について詳しく見ていく。表3－5のように、大学や専修学校などをはじめとした各種学校などへの進学率は徐々に増加し、2000（平成

表3-5 農業に関する学科の生徒の卒業後の進路

(単位:%)

年	大学等進学者	就職者	専修学校・各種学校等	その他
1955	5.4	77.3	—	17.3
1960	3.3	88.2	—	8.5
1965	4.7	89.0	—	6.3
1970	5.1	87.4	—	7.5
1975	9.5	76.0	—	14.5
1980	7.3	76.9	13.7	2.1
1985	6.5	77.2	13.4	2.9
1990	5.9	75.9	15.9	2.3
1995	6.6	65.2	22.8	5.4
2000	11.1	51.3	25.7	11.9

資料:文部省『学校基本調査』各年度版より作成。

12)年度では約4割の生徒が進学している。しかし、過半数が就職している状況にある。その就職先を産業別に見てみると、表3-6のようになる。1955年当時は、農業に就く者は約7割と非常に多かったものの、徐々に減少して他産業への就職が増加している。特に、製造業やサービス業が高い割合を占めている。つまり、自立した農業経営者や農業関連産業従事者の育成を継続的な目標として掲げてきたにもかかわらず、現実には達成されていない状況にある。

そもそも、人的資源の開発ステージは、学校教育、OJT、Off-JTの3段階に分けることができるが、主に職業能力の開発・練磨はOJTによるものが大きい[10]。それは、現場での体験学習は学習成果のフィードバックが早く、プレッシャーも大

表3-6　農業に関する学科を卒業した生徒の産業別就職先

(単位：%)

年	農業	建設業	製造業	卸売業・小売業	サービス業
1955	66.1	1.5	9.4	6.6	3.1
1960	46.4	2.4	24.1	9.0	3.9
1965	29.2	2.9	28.7	12.1	5.1
1970	33.5	3.8	28.2	13.2	7.2
1975	18.8	4.0	27.6	19.4	12.0
1980	13.3	5.8	32.4	22.4	13.8
1985	7.9	4.7	46.0	17.7	12.5
1990	3.9	6.1	44.6	19.7	14.2
1995	3.8	14.0	35.1	18.5	19.0
2000	5.1	14.1	34.4	16.7	20.5

資料：文部省『学校基本調査』各年度版より作成。

きく、目に見えないものを感じ取っていくプロセスになっているからである[11]。

　専門高校は前述したように、望ましい勤労観・職業観を育成し、将来の職業生活に必要な専門的知識や技術の基礎・基本を身につけることをねらいとした教育施設である。そこでは専門教育に関する各教科・科目について、すべての生徒に履修させる単位数を25単位以上と定めている。さらに、農業高校においては、「実験・実習に配当する授業時数を十分確保」し、教育の中核に「体験的、探求的な農業学習を通して、農業各分野における実践力の育成と自己の確立を図ること」を据え、実験・実習などの実際的、体験的な学習を展開している[12]。これは単に、体験学習による教育効果の有意性を考慮したものでは

なく、職業教育を前提とした専門高校独自の教育課程である。つまり、農業高校は学校教育でありながら農場実習などの体験学習を重視したOJT的な教育課程がある、いわばSemi-OJT（模擬的実施訓練）がなされる場として位置づけられる。

　農業高校が農村のリーダーや後継者養成、農業生産の向上の一翼を担い、職業教育施設として果たしてきた役割は大きい。しかし現在、産業現場との実情や技術的な乖離がある中で、Semi-OJTにおいて職業的スキルの形成をするには限界があり、卒業後すぐに自立した農業経営者や農業関連産業に従事することは非常に難しい状況にある。つまり、前出の1998（平成10）年の理科教育及び産業教育審議会答申のように、完成教育としての職業教育ではなく、卒業後においても大学などの教育機関や職場などにおいて継続して教育を受けるなどの生涯学習の視点で捉え直さなければならないのである。

(2) 職業教育の現状

　職業教育を展開していく上で、また、専門高校の教育の改善を図り、より充実したものにしていくためには、地域や産業界の協力は必要不可欠である。そのような中で、現在、高校では産業現場での就業体験である「インターンシップ」が積極的に展開されている。また、若者の就労問題が深刻になっている昨今、学校での教育と企業での教育・訓練とを併せて行うドイツの職業教育である「デュアルシステム」が注目されている。その考え方を基本として、職業人を育てる実践的な教育・職業能

力開発の仕組みである「日本版デュアルシステム」の実践研究が行われている。

1）インターンシップ

まず、インターンシップは、1906年にハーマン・シュナイダー（Schneider, H）の理論に基づき、在学中に専門分野の学習とそれに関連した実務経験とを交互に受けさせ、学習効果を高めるという教育プログラムとして始められた。アメリカでは、大学が主体的に授業のカリキュラムの一部として運営・管理し、就業期間は学期中に実施する「Co-op Program」と、企業が主体的に運営・管理し、長期休業中に実施する「Internship」の2種類がある[13]。

我が国においてインターンシップとは、「産業現場等で生徒が在学中に自らの学習内容や進路などに関連した就業体験を行うこと」[14]と定義されており、主体的な職業選択の能力や職業意識の醸成や、高校卒業者の離職防止などを目的として実施されている。全国的にインターンシップを実施している高校を見てみると、2000（平成12）年度では高校全体の3割以上が実施している[15]。専門高校においては6割以上の実施、とりわけ農業関連学科を持つ高校では7割以上が実施している[16]。また、インターンシップを導入している高校の実施期間は、専門学科では2～5日、普通科では1～3日が最も多く、全体としては2～3日が最も多い[17]。実施している高校では、単位認定をせずに既存の授業科目を利用している場合や、授業の一環として位置づけて単位の一部として認定する場合が多く、個別に単

位認定をしている高校はほとんどない。農業高校においては、科目「総合実習」や「課題研究」の中に位置づけられて実施されているのがほとんどである。受け入れ先としては農家、ＪＡ、試験場、食品加工会社などがあげられる[18]。すなわち、職業教育の一環として、また、職業観・勤労観の醸成を目的とした進路指導の一環として「インターンシップ」が実施されているのである。

　これは、前出の理科教育及び産業教育審議会や教育課程審議会の答申に基づいたもので、完全学校週５日制の下でより充実した専門教育を行っていくためには、これまで以上に地域や産業界との連携が必要であり、専門高校と地域や産業界との間でパートナーシップを確立することが不可欠であるとの考えに基づくものである。さらに、学校における教育活動では不十分な部分を補完し、有機的な連携を図ることにより、以下の３点のような教育効果が期待されている。

　第１に、産業現場で実際的な知識や技術・技能に触れ、学校における学習との関係で生徒の理解を促進させ、学習意欲を喚起させることができる。第２に、自己の職業適性や将来設計について考え、主体的な職業選択の能力の育成や高い職業意識の醸成が促進される。第３に、保護者・教師以外の成人に接する貴重な機会となり、コミュニケーション能力の向上が期待できる。

　しかし、実施期間が２～３日と非常に短い期間であったり、生徒の進路決定に役立てたりするといったジョブマッチングの

視点から、学科に関係のない就業体験を実施している高校も多く見受けられる。

2）ドイツの職業教育

ドイツでは、教育に関する権限は各州が有しており、州によりその教育制度には微妙な差異が存在するものの、教育制度の大要は図3－1のようになっている。他の先進諸国の制度と比較し、ドイツの教育制度は次の2つの点で大きな特徴を有している。

1点目は、日本の小学校に当たる基礎学校で4年間の初等教育が行われた後、前期中等教育段階（中学校段階）として生徒の希望・能力・適性などに応じてハウプトシューレ、実科学校、ギムナジウムの3種の学校に分かれる「三分岐型学校制度」の下で、9年ないし10年間の義務教育が行われることである。そして、後期中等教育段階（高等学校段階）で多様な職業教育が行われる。

2点目は、後期中等教育段階の中におおむね3年間、週に4日間企業などで実践的な職業訓練を行い、週に1～2日間に公立の職業学校で理論的教育を行う「デュアルシステム（二元制度）」と呼ばれる職業教育制度が存在することである。企業などは職業訓練すべてにかかる費用負担だけではなく、訓練契約を結んだ訓練生に訓練手当（報酬）を支払うとともに、職業訓練規定等に基づき、規定されている技能・知識の習得を完全に保障する責任を有している。また、職業学校は企業などの補完的役割を果たすため、授業の60％は職業的な専門教育に充て

80

図3-1 ドイツの教育制度

資料：文部省『諸外国の学校教育 欧米編』（大蔵省印刷局、1995年）、pp.48-62 を参考に作成。

られ、残りの40％はドイツ語、社会、経済、宗教科といった一般教養に充てられている。職業学校修了時に試験が行われるとともに、企業側でも商工会議所や農業会議所、州農業省などが実施する修了試験が行われ、合格すると職人あるいは専門労働者として職業資格を取得でき、労働市場へと入っていくことができる。

　我が国では、労働市場において、学歴が重視される傾向が非常に強い。ドイツも近年、高学歴志向が強まっているものの、職業訓練修了者に付与される職業資格が非常に重視され、雇用を決定する大きな要因となっている。近年、このデュアルシステムは急速な技術革新への適応力に欠ける制度であるとの指摘もあるが、今なお青少年を労働市場へ円滑に導く役割を担っている。つまり、職業教育を取り巻く日本とドイツの社会的背景は大きく異なっており、ドイツでは職業人養成の土壌が整っていることがいえる。

3）日本版デュアルシステム

　2004（平成16）年度から我が国においても、若年者の就労問題の深刻化、勤労観・職業観の欠如、社会に求められる技能の高度化・多様化の現状を受け、文部科学省はデュアルシステムを参考にした「日本版デュアルシステム」の実践研究を開始した。

　文部科学省は「専門高校等における『日本版デュアルシステム』の推進に向けて」と題した報告書を取りまとめた。それによれば、日本版デュアルシステムは「企業実習と教育・職業訓

練の組み合わせ実施により、若者を一人前の職業人に育てる実践的な教育・職業能力開発の仕組み」と定義されている。そのねらいは、産業界と専門高校などが協同で実践的な職業知識・技術を養う教育を導入し、勤労観・職業観を育み、学校を活性化し、地域の産業界が求める社会に有為な人材を育成することである。2004（平成16）年度からモデル事業による実践研究を開始し、その成果を踏まえて全国にシステムの導入が図られていく予定になっている。

　この日本版デュアルシステムは、先に述べたインターンシップと2つの点で大きく異なる（表3－7参照）。

　1点目は、学校と企業の関係である。インターンシップでは、多くが企業の学校教育への協力という一方向的な関係に基づくもので、人材育成までにはおよんでいない。しかし、日本版デュアルシステムでは、産業界と専門高校などが連携をとりながら協同で人材育成をすることを掲げている。つまり、一方では職業人育成という観点から、最終的には学校と企業双方にメリットのある教育システムとして確立していこうとするものである。他方では、学校と企業の緊密な連携の基に、学校は基礎・基本を重視した教育、企業は専門的な職業訓練といった双方の担う役割を明確にした教育システムである。

　2点目は、教育課程上の位置づけの違いである。インターンシップでは、実施期間（時間）が短いため科目の一部としたり、単位認定をしていなかったりする例が多い。日本版デュアルシステムでは、①学校設定科目を設ける、②各教科・科目の

表３−７　インターンシップ・日本版デュアルシステム・高松農業高校「現場実習」の相違

	インターンシップ	日本版デュアルシステム	高松農業高校「現場実習」
定義	産業現場等で生徒が在学中に自らの学習内容や進路などに関連した就業体験を行うこと。	企業実習と教育・職業訓練の組み合わせ実施により若者を一人前の職業人に育てる実践的な教育・職業能力開発の仕組み。	畜産・動物関連の産業現場で、飼養・管理技術についての理解を深め、自らの学習内容や進路などに関連した実践的な就業体験を行うこと。
意義・目的	①学校における学習と職業との関係についての理解を促進し、学習意欲を喚起する。②主体的な職業選択の能力や高い職業意識の育成が促進される。③異世代とのコミュニケーション能力の向上を図る。	①産業界と専門高校等が連携をとりながら、共同で人材を育成する。②実践的な職業知識・技術を養う教育を導入し、資質・能力を伸長する。③勤労観・職業観を育み学校を活性化し、地域の産業界が求める社会に有為な人材を育成する。	①将来のスペシャリストに必要な問題解決能力や自己教育力を育成する。①知識と技術の深化・総合化を図る。
単位認定	科目の一部として実施している場合が多い。	モデル事業の実施を踏まえて、柔軟な教育課程上の位置づけを検討。	2006（平成18）年度より単位認定。
期間	２〜３日が一般的。	モデル事業の実施を踏まえて、柔軟な教育課程上の位置づけを検討。	１〜２週間。
対象学年	全学年	──	全学年（主に２・３年次）
評価	科目の一部として評価	モデル事業の実施を踏まえて、柔軟な教育課程上の位置づけを検討。	報告書・研修レポート、報告会の開催、受け入れ先・担当教員による総合的な評価。
報酬	教育の一環であるため報酬を受け取るのは望ましくない。	検討中。	教育の一環であるため無報酬。

資料：インターンシップについては、理科教育及び産業教育審議会答申「今後の専門高校における教育の在り方等 について」(1998年) および文部科学省『インターンシップ・ガイドブック』(ぎょうせい、2001年) pp.1-4 を、日本版デュアルシステムについては文部科学省「専門高校等における『日本版デュアルシステム』の推進に向けて」(2004年) を参考に作成。

実習に代替する、③就業体験活動などの単位認定を受ける単位認定制度を活用する、などのケースが考えられており、単位認定することを明確にしている。

　しかし、次のような検討課題も残されている。1点目は、産業界と専門学校などが連携して人材育成する前提には、企業と学校の双方にメリットがなければならないことである。さもなければ、恒常的な教育システムとして確立するのは困難となるであろう。2点目は、企業における実習内容である。学校での基礎・基本の指導、それに基づく企業での実習の整合性がなければならず、事前の入念な協議と、周到な準備が必要不可欠となる。単なる職業体験であるならばインターンシップで十分なのである。3点目は、受入企業の開拓である。文部科学省や教育委員会・学校だけでは限界があり、県・市町村、ハローワーク、商工会や地元業界団体などの産業・経済団体の支援と協力は欠かせない。4点目は、教育課程上の位置づけと評価である。教育課程については柔軟な編成が望まれているものの、当該実習に参加した生徒の時間割の工夫や補習対応など、残された課題も少なくない。また、評価に関しても、適切かつ公正な評価方法を研究・開発していく必要がある。

第3節　事例分析と新たな提案

(1) 事例の概要

　高松農業高校の畜産科学科では、2001（平成13）年度より将来のスペシャリストに必要な問題解決能力や自己教育力の育成、知識と技術の深化・総合化を図ることを目的とし、教科外の実習として、かつインターンシップという就業体験の域を超えた形で、畜産科学科の専門性を生かした畜産・動物関連施設に限定した産業現場での実習「現場実習」を実施している。近年、動物産業が注目されている中で、コンパニオンアニマルの飼育や社会動物とのかかわりに興味・関心を持つ生徒が増え、これらの生徒の興味・関心、希望進路などに応じて実施するようになった。参加生徒は、2001（平成13）年度が21人、2002（平成14）年度が36人、2003（平成15）年度が34人と非常に多く、生徒のニーズも高い。

　実施期間は、原則30時間程度とし、実習場所によっても異なるが、短いもので3日、長いもので2週間程度である。実施時期は主として長期休業中としており、夏季休業中に実施する場合が最も多いが、春季・冬季休業中にも実施している。できる限り受け入れ先の負担が少ないように時期を調整しているが、受け入れ先が家畜・動物という特異な分野のため、時期は特に限定されていないように思われる。

　対象学年はすべての学年としているが、実際には2年次から

実施している。1年次で実施しにくい理由は、まだ学校生活に慣れていない、職業的レディネスが十分でない、長期休業中も行われる科目「総合実習」の学習を中心に指導したい、という点からである。主としては、自己の進路を考える材料として、また、教科指導との結合という観点から実施している。補習や就職・進学指導などもあるので3年次には推奨していないが、希望者には調整して実施している。

　実習先は畜産・動物関連施設に限定しており、県内だけではなく近隣県や北海道などである。同学科には、酪農、養豚、養鶏、実験動物の4つの専攻があり、各専攻の担当教員が希望者を募った後、実習希望分野を把握し、受け入れ先の調整・割り振りを行っている。新規の受け入れ先の開拓については非常に難しい面もあるが、さまざまな人的パイプを用いて教員が電話や訪問などで依頼するケースが多い。

　事前指導としては、全体としてのオリエンテーションは行っておらず、個々の生徒に対して受け入れ先の概要、実習内容、心構えなどを説明・指導をしている。また、担当教員とともに受け入れ先への挨拶を兼ねて下見・打ち合わせに行っている。さらに、日誌や研修レポートの作成の仕方、保険などについて説明し、現場実習の意義を理解させている。事後指導としては、研修レポートを課し、報告会を実施している。評価は、受け入れ先から毎日の評価と最終的な評価、教員のヒアリング調査などによって実情を把握するなどの方法で行っている。

(2) インターンシップとの相違

　表3－7に示しているが、この取り組みはインターンシップと比較し次のような相違点がある。

　第1に、2001（平成13）年度から2005（平成17）年度までは、教育課程上明確な位置づけがなされておらず、単位認定も行われていなかったが、2006（平成18）年度から単位認定を行うようになったことである。同学科では前述したように将来のスペシャリストに必要な問題解決能力や自己教育力の育成、知識と技術の深化・総合化を図ることを目的とし、最終的には「職業意識の向上」を目標として掲げている。現場実習を開始した当初は、教育課程上明確な位置づけはなされておらず、単位認定も行われていなかった。しかし、2006（平成18）年度から生徒達の前向きな活動が評価され、産業現場などで35単位時間以上の活動をしたものを単位認定していくという「授業外学習ポイント制度」として発展し、単位を認定している。

　第2に、実習期間がインターンシップと比較して長いことである。これは、長期休業中に実施していることにより可能となっている。学校で学んだ知識や技術と産業現場での実践的な実習を有機的に結合するためにも、また、専門的な知識と技術の深化を図るためにも最低限の期間といえる。

　第3に、専門科目に関連した実習内容ということである。インターンシップは就業体験として、その実習先は特に限定されてはない。しかし、同事例は畜産科学科として実施しているため、当初より実習先は畜産・動物関連施設に限定して行い、受

け入れ先にも前述の目的で実施していることについて十分に理解を得て取り組んでおり、他産業の実習は行ってはいない。

第4に、学校と受け入れ先の双方の評価である。学校側としては、生徒に実習中の日誌と実習終了後の研修レポートを課し、受け入れ先には日々の日誌のチェックと評価、最終評価を依頼している。また、担当教員による巡回指導・受け入れ先でのヒアリング調査、さらに、報告会などを実施し、それらの結果に基づき総合的に評価している。

進路状況については、畜産科学科における2001（平成13）年度までの畜産・動物関連の大学・専修学校などへの進学はわずかであり、就職に関しても先に述べた表3－6のように専門性のない一般企業が大半であった。しかし、現場実習導入後の2002年度卒業生は、クラスの約半数が畜産・動物関連の就職または進学を果たした。このうち現場実習に参加した生徒は約8割にもおよんでいる。

インターンシップと現場実習の共通の目的である職業意識の育成ついては、両者とも達成できる取り組みとして評価できる。そして、インターンシップにおいては職業選択の自由と、ジョブマッチングといった視点でさまざまな職種を体験することは有効である。しかし、現場実習が職業教育の視点で生徒にインセンティブを与え、その結果、専門性が生かされた就職や進学を含めた生徒の進路決定からもわかるように、より高い職業意識の育成と進路決定に大きな影響を与えたことは、農業高校における職業教育として非常に意義深い取り組みであること

がいえる。

(3)「新日本版デュアルシステム」の創設

　日本版デュアルシステムは、職業教育復権の画期的なシステムとして注目するに値するが、先述したような課題もある。そこで、職業人育成に一定の成果をあげている高松農業高校の事例と、産業界と専門高校などが協同で人材育成し単位認定を行う日本版デュアルシステムの双方の長所を統合したものを「新日本版デュアルシステム」と名づけ、それを導入した農業高校のあり方について、図3－2に基づきながら次の3点を提示する。

　1点目は、Aの普通科目の幅を拡大し、教養の強化に努めることである。学力低下が叫ばれている昨今、教養の比重を大きくし、農業を大局的に捉え、さらに、大学や農業大学校といった継続教育機関との連携を図りやすくする。また、学校におけ

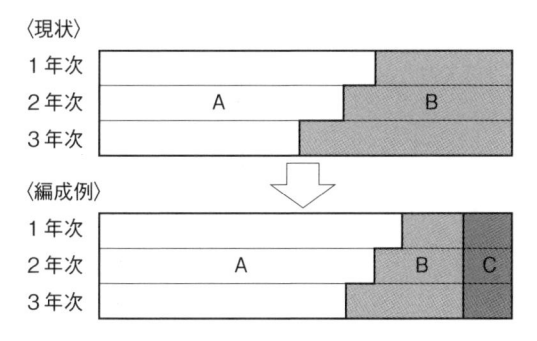

図3－2　教育課程の編成例
注：A）普通科目　　B）専門科目　　C）実践的実習

る専門科目は、より基礎・基本の習得（理論的教育）に力点を入れたものに精選し、Ｂの専門科目の幅を減殺する。そして、農業高校における理論的教育と産業界における実践的実習により、理論と実践の有機的結合を図り、産業界との双方向の協力関係を確立しやすくする。

　２点目は、産業界での実践的実習は原則としてＣの部分で展開することである。この部分は実際的・体験的学習を行う通年の専門科目「総合実習」の部分（長期休業中における実習も含む）であり、これを産業界での実践的実習にあてることによって、時間割の工夫や補習対応などの課題は緩和することができる。そして、それを教育課程上に明確に位置づける。また、各都道府県にある農業大学校などでの単位認定が可能であれば、継続機関との連携や地域の実情に合わせた特色ある教育活動の展開が可能となる。しかし、あくまで基礎・基本の指導は学校で行い、Ｂの部分を産業界での実践的実習で代替することがあってはならない。なぜなら、農業高校の存在意義を揺るがしかねない問題を有しているからである。

　３点目は、評価に関しては、学校での基礎・基本の指導とそれに基づく企業での実習の整合性がとれるように、事前に相互に協議し綿密な計画を立てたうえで、生徒自身と受け入れ企業の担当者の実習報告書、教員の巡回指導、報告会などで総合的に行うことである。評価方法については、議論の余地はまだまだあるが、専門的な知識と技術の深化・総合化を図り、実践的な能力と態度を育成するためにも適切な評価を行い、恒常的な

教育システムとして確立する必要がある。

　このように、卒業後においても継続した学習も視野に入れて、将来のスペシャリストとして必要とされる知識や技術のベースとなる教育を展開するために、教育内容を改善・充実させていかなければならない。

注
1)　ネルソン［7］p.171 を参照のこと。
2)　農業高校の生徒達によって組織され、関係する農業分野の学習活動である。その目的は、生徒の指導性、社会性、科学性を養うことにある。
3)　日本学校農業クラブ連盟『農を学び、暮らしをつくる－学校農業クラブ50年の歩み－』(2000) および全国高等学校農場協会『平成12年度全国農業高等学校学校要覧・会員名簿』(2000) より。
4)　一の瀬［2］p.216 を参照のこと。
5) 9)　岡山県立高松農業高等学校『専門高校等と産業界との連携推進事業研究成果報告書付録資料』(1997) および筆者が1999年6月9・10日に、岡山県立川上農業高校の1～3年生全員（161名）を対象に行ったアンケート調査の結果より。
6)　1970年代中頃までは、農業高校には農家の長男が集まり、自営はもとより、産業界や教育界に多くの優秀な人材を輩出していた。
7)　酒井［4］p.235 を参照のこと。
8)　澤田［6］pp.2-5 を参照のこと。
10)　猪木［3］p.132 に依拠している。
11)　伊丹・加護野［1］pp.405-407, pp.429-430 を参照のこと。
12)　佐野［5］p.5 を参照のこと。
13)　就職協定協議会特別委員会「米国における就職・採用事情調査報告書」平成9年2月全米大学就職協議会（NACE：National

14) 1998年理科教育及び産業教育審議会答申を参照のこと。
15) 16) 17) 18) 文部科学省HP「平成14年度版高等学校教育の改革に関する推進状況」(http://www.mext.go.jp/) を参照のこと。

参考文献
［1］ 伊丹敬之・加護野忠男『ゼミナール経営学入門』、日本経済新聞社、2004
［2］ 一の瀬忠雄他『教育にとって自然とは』、農山漁村文化協会、1979
［3］ 猪木武徳『学校と工場　日本の人的資源』、読売新聞社、1996
［4］ 酒井惇一他『農業の継承と参入』、農山漁村文化協会、1998
［5］ 佐野明「論説新高等学校学習指導要領　農業の実施について」『じっきょうアグリフォーラム』、No.42、実教出版、2001
［6］ 澤田守『就農ルート多様化の展開論理』、農林統計協会、2003
［7］ ネルソン『農村教育の新構想』、日本農業教育会、1950

第Ⅳ章
農業高校における職業教育としての起業家教育

第1節 起業家教育が求められる背景

これまで、農業者の多くは生産・栽培技術の向上を重視した、「農業者＝生産者」であって、「農業者＝経営者」という意識は極めて希薄であった。その理由の1つとして、農業という産業が政府の規制と保護の下に成り立ってきたことがあげられよう。このことは、我が国において自立した農業者の育成を抑制してきた主要因の1つである。したがって、農業の分野では経営者が育つ素地が少なく、「農」のつく世界は経営者不在と揶揄されてきたのである。

そのような中、現在では意欲的かつ経営感覚に優れた農業経営者が出現してきた。彼らは生産だけではなく、加工、販売、観光や飲食店経営といった幅広い事業にも取り組んでいる。つまり、家業・生業的な範疇から脱却し、農業をビジネスと捉えて経営を展開しているのである。しかし、多くの農業者は販路

の確保にとどまり、ビジネスとしての意識は非常に低いのが実情といえよう。今日のような農業を取り巻く状況が激しく変化している中では、農業をビジネスとして捉えることは不可欠であり、農業経営者の経営者能力を育成することは避けて通ることのできない課題といえる。

近年、起業ブームが起き、農業の分野においても起業の動きが活発化している。それは、農業をビジネスとして捉えはじめている証左ではないだろうか。彼らの共通点は、一言で表現するならば、起業家精神（entrepreneurship）を具備していることである。

さて、農業に関する教育機関である農業高校では、自立した農業経営者や農業関連産業従事者の育成を継続的な目標として掲げてきた。その目標を達成するには困難な状況にある中で、自立性、チャレンジ精神、創造性、積極性、探求心、そして自己表現力や協調性といった要素で構成される起業家精神を育む教育の必要性が、学校現場で徐々に認知されはじめてきた。

先述したインターンシップは、職業観・勤労観の育成には一定の成果を上げているが、現在のような激しい社会環境と就業構造の変化を考慮すると、より高いレベルの職業観・勤労観の育成が不可欠となってくる。これらを背景として、現在では起業家教育に注目が集まっている。その起業家教育が脚光を浴びた端緒は、2000（平成12）年の教育改革国民会議が起業家精神の涵養を取り上げたことである。起業家教育とは、起業家精神を養い、自己の生き方・あり方を考えることを目的としたも

のである。そして、その起業家精神とは「自立性、チャレンジ精神、創造性、積極性、探求心であり、起業的な資質・能力とは、自己責任で決断する能力やリーダーシップを発揮する能力、コミュニケーション能力、情報の収集・分析能力とそれに基づく判断力、問題解決能力、行動力」[1]としている。現在では、大学だけではなく、小・中・高校段階でも起業家精神の育成のためのプログラムが展開されている。

　これまで専門高校における職業教育は、専門的な知識・技能の習得に重点を置き、生徒のキャリア発達という視点に立った指導は不十分であった。また、現在では起業家教育に注目が集まってはいるものの、起業家教育という言葉だけが先行し、起業のプロセスやノウハウを学ぶことに終始している場合が少なくない。本来は、起業という手段を通じて社会に真正面から向き合うリアリティのあるプログラムであり、起業を目的化してはならないのである。

第2節　起業家教育の核心

(1) リスク負担

　ドラッカー (Drucker, P. F.) は、「起業家はリスクを冒す」[2]と指摘しているように、起業家教育においてリスクを無視して展開していくことは教育的意味を失うに等しい。リスク (risk) とは、一般的に「危険」と解釈され、「損害規模」と「発生頻度」

の積で表現される[3]。しかし、「リスクを冒す（hand lerisk）」や「リスクをとる（risk taking）」という言葉が、新たに挑戦する意味を含有しているように、リスクは危険という意味だけではない。重要なのは、リスクという言葉には便益（benefit）という要因が含意されており、危険と便益が一体となっていることである[4]。また、リスクを負うということは、心理的緊張を伴うと同時に自己責任が伴う。このため、学校現場では教育という名の下に忌避されてきた。しかし、自己の選択や決定に責任を持たせ、実際に考えて行動しなければ、本当の意味での職業観・勤労観を育むことはできない。職業観・勤労観の育成が画餅にならないためにも、リスクを負って自己責任を持たせる実務的な教育が必要なのである。そのためにも、一般に意欲ややる気と呼ばれている動機づけ（motivation）が重要な意味を持ってくるのである。

　動機づけの研究については、心理学や社会心理学の分野を中心としてさまざまなアプローチがあり、学習活動はこの動機づけによって支えられている。その動機づけは、一般的には外的な賞罰による動機づけである外発的動機づけと、外的な賞罰に依存せずに学習活動の過程に依存する内発的動機づけに区分されている[5]。内発的動機づけを持つことは、学習活動自体の質を高めることになるため、多くの場合、内発的動機づけによる学習は外発的動機づけによるそれよりも望ましいとされている。しかし、ライアン（Ryan, R. M.）ら[6]は外発的動機づけと内発的動機づけを対立的に捉えるのではなく、外発的動機づけから

内発的動機づけへと連続的に移行するという考えを示した。それによれば、まず、自己決定がまったくできていない外的に制御された段階をあげている。これは、外的な圧力によって行動が生起するもので、本人が意思決定をしたものではない。次に、消極的な理由ではあるものの、一応は自らの意思による注入の段階である。そして、必要性を感じ自らの行動規範と一致している同一化または統合化の段階である。最終的に、自己決定性の最も高い内発的に動機づけられた段階に至るのである。

この理論に従うと、自己責任の伴う心理的緊張感が、外発的動機づけから内発的動機づけへと連続的に移行する要因となる可能性を含有していることを示唆している。だとすれば、リスクを負うことは教育的価値があることになる。特に、起業家教育においては、リスク負担は切り離して考えることのできない重要なファクターなのである。

(2) 失敗のチャンス

今日、企業においても個人においても、成功事例の模倣が必ずしも成功を確約するものではなくなってきている。成功の裏には、幾多の失敗が陰の部分として存在しているように、成功事例の模倣はある一定の所までの成果をあげることはできても、それだけでは限界がある。

戦後、我が国の教育では、"learning by doing(なすことによって学ぶ)"という経験学習が重要視され、失敗は表面的には否定されてこなかった。しかし、実際は「失敗しない」ことを学

ぶというスタンスがとられてきた。畑村は「教育現場で真に求められているのは、正しい知識の伝達もさることながら、失敗を怖れず伝えるべき知識を体感・実感させること」[7]を指摘しており、失敗こそ創造を生むものであるとしている。

失敗の必要性については、伊丹ら[8]が指摘するように、次の2つの点から大きな意味を持つ。第1に、失敗は学習面で大きな意味を持つからである。失敗の経験は創造の糧となる貴重な体験であり、自己のポテンシャルを認識するとともに自己の能力を見直す機会となる。第2に、心理的エネルギーの供給という意味を持つからである。失敗を挽回しようとするエネルギーが学習を促進するのである。

当然のことながら挑戦には失敗がつきものである。成功のためには失敗を恐れず、失敗をのり超える力が必要となってくる。そのためには、失敗のできる場や機会が必要となる。まさにこのことが教育現場に求められているものではないだろうか。つまり、失敗を許容し、失敗のチャンスを教育現場で積極的に整備していく必要がある。

成功は成就感や達成感を味わうことができ、失敗は挫折感を味わう。これは成功体験が「善」であり、失敗体験が「悪」であるということを意味しているわけではない。これはどちらか一方ではなく、両者ともに意味があり、教育というものおいて不可欠なのである。もちろん、失敗自体がよいということではない。失敗するということにどのように向き合い、どのようにつき合っていくかを考えることが重要なのである。人も組織も、

そして社会も失敗をおかす。社会へ出る準備段階である教育現場は、失敗とのつき合い方を学ぶ、あるいは学ばなければならない有意義な場なのである。

　起業家教育は、実践が伴うからこそ失敗のチャンスがある。「経営者を育てる手法は、失敗させること。何回も失敗させ、そして立ち直らせる」[9)]と指摘されるように、起業家教育は失敗のチャンスを与える教育実践といえる。

(3) キャリア形成

　職業観や勤労観は、生き方や進路選択の基準として極めて重要な性格を有しているため、より高いレベルのものを身につけさせる必要がある。しかし近年、我が国の産業・経済の構造的変化などにより、フリーター・ニート問題やモラトリアム傾向の拡大が大きく取り上げられ、青少年の職業観・勤労観の希薄化といった職業生活の移行に関わるさまざまな課題が、これまで以上に顕在化している。このような状況において、「キャリア形成」は教育上大きな意味を持つ。

　キャリアとは、一般に「経歴」「経験」などと表現されるが、職業観・勤労観との関係で考えると、職業観・勤労観はキャリアを積んだ結果として蓄積されるものである。2005（平成16）年の文部科学省による調査研究報告書「キャリア教育の推進に関する総合的調査研究協力者会議報告書」によれば、キャリアの概念は「個々人が生涯にわたって遂行するさまざまな立場や役割の連鎖及びその過程における自己と働く事との関係付けや

価値付けの累積」であるとしている。つまり、キャリア形成とは、このようなキャリアの概念を前提として、職業観・勤労観を構築していく過程であると考えられる。そして、現在ではキャリアを形成していくために必要な意欲・態度や能力を育てるキャリア教育の導入・実施が急務の課題となっている。また、文部科学省の「若者自立・挑戦プラン」（キャリア教育総合計画）や高等学校における「日本版デュアルシステム」の推進からもわかるように、キャリア教育の流れは一層加速している状況にある。なお、国立教育政策研究所生徒指導研究センターの「児童・生徒の職業観・勤労観を育む教育の推進について」によれば、キャリア教育で育みたい力、換言するならば、職業観・勤労観を育むための力として「人間関係形成能力」「情報活用能力」「将来設計能力」「意思決定能力」の4つをあげている[10]。

　起業家教育は、決してすべての生徒が起業家になることを想定したものではない。本質的には、さまざまな機会を通して将来の職業生活において必要とされる自立性、チャレンジ精神、創造性、積極性、探求心などの要素で構成される起業家精神を育成することにある。そのような意味で、キャリア教育は起業家教育とも軌を一にしているものといえる。

第3節　事例分析

(1) 事例の概要

　高松農業高校の農業科学科では、授業の一環として起業家教育プログラムを展開している。同学科の一年次の専門科目は、農業の概論的科目である「農業科学基礎」（4単位）と「総合実習」（4単位）、「農業経営」（2単位）となっており、1年次では農業に関する基礎的な技術と知識の習得を目標としている。したがって、1年間で生産から販売といった完結するような学習の展開は困難である。そのため、1年次では「商品開発」に焦点をあてた起業家教育プログラムを科目「農業経営」で行っている。そして、自己責任の下でリスクを負い、将来の農業経営者に必要な創造性、問題解決能力、チャレンジ精神、積極性、コミュニケーション能力、プレゼンテーション能力などを育成することを目的として起業家教育プログラムを実施している。

　2006（平成18）年度から開始した起業家教育の取り組み内容は、以下の通りである。

　4月にまず、導入部分として外部講師による講演会（演題「農業分野における起業について」）を開催し、生徒の起業に対する意識を高めた。また、実際に授業の取り組みの一環として起業することを伝え、その目的と年間の流れについて説明した。当初は、株式会社（バーチャルカンパニー）を設立することや利益の使途などについて盛り上がり、クラス全体の興味・

関心の度合いは非常に高かった。しかし、損失が出た場合のことを伝えると表情は一変し、単なるイベント的実践ではなく真剣に取り組まなければ最終的に自分達が責任を負うことを認識した。そして、設立する会社のコンセプトと会社名（(株)芽ぐみ）を決め、その後、図4－1のように代表取締役、所属（研究開発部・企画部・経理部・第一営業部・第二営業部）、各部長を決めた。

5月には、研究開発部は商品開発を目的としたヒアリング調査のための対象の選定と、質問項目の検討を行った。そして、同校の農産物の販売先であるAコープ高松店（岡山市高松）の店長と青果担当者にヒアリング調査を行った。その後、ヒアリング調査の振り返りとまとめを行い、反省点の洗い出し作業を

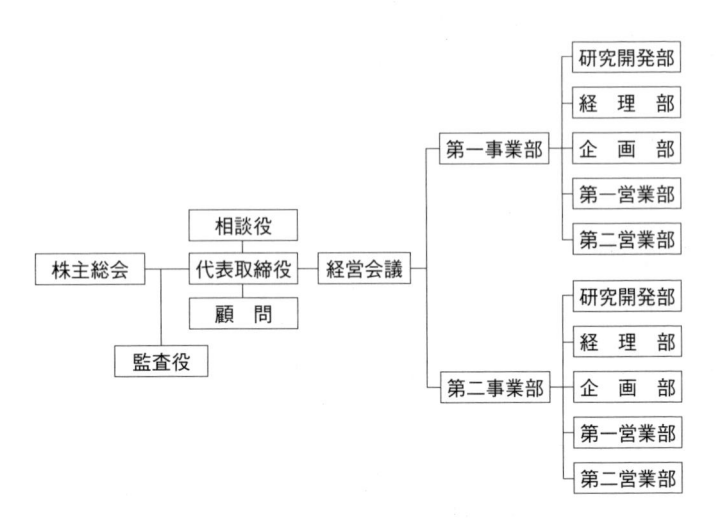

図4－1　(株)芽ぐみの組織図

行った。その結果、①結論を急いだ表面的な質問が多かったこと、②「発問→回答→メモ」の連続で、回答に対しての疑問や質問が出なかったといった反省点があげられ、商品開発のためのキーワードを見つけることができなかった。そのため、ヒアリング調査の手法や質問項目の練り直しが行われた。それを踏まえて、ジャスコイオン倉敷店（倉敷市水江）の食品統括マネージャーにヒアリング調査を行った。そこでは前回の反省が生かされ、活発なやり取りが行われ、多くの質問が繰り出された。そして、2つのヒアリング調査の結果、同校で生産された規格外のモモを利用した「フルーツソース」を生産・販売することを決めた。

　6月には、商品のラベルやデザインなどについて学ぶため、岡山市内のデザイナーを招聘し、実際に指導を受けた。内容は、市販されている商品のラベルやデザイン、ネーミングなどについての解説があり、その後、全員でラベルのデザインを考え、指導を受けた。高校生らしい発想は重要であるとの指摘があったものの、既存の商品の先入観や固定観念から脱却しない限り、「高校生が発案した商品」の域を脱することはできないとの厳しい指摘があった。その後、ワークショップ形式でグループごとに話し合い、意見を積み上げてキーワードを見つけていった。

　7月には、経理部が株券（写真4-1参照）を作成・発行し、出資者を募った。対象は教職員と保護者とし、資本金目標額を50万円とした。しかし、予定していた資本金は集まらず、説明

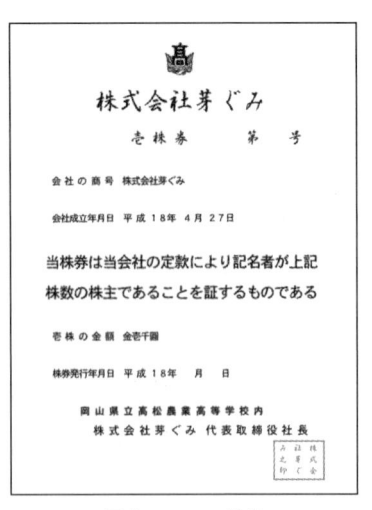

写真4-1　株券

資料の作り直しや目論見書の作成を行った。最終的には20万円しか集まらなかったが、それでも生徒達は、20万円という大金を手にして、何としても損失を発生させてはならないことを強く意識していた。また、指導者側としても教育現場に、金銭が絡んだ教育活動が展開されることに抵抗感がなかったとは言い難い状況もあり、緊張感を高めた。

　第一営業部は加工業者を選定し、(株)哲多すずらん食品加工(新見市哲多町)との打ち合わせ・交渉を行った。交渉が進み、契約が交わされた矢先、施設上の問題でフルーツソースは保健所の認可が下りないことが判明した。しかし、時間的余裕がないことや他の業者との条件面での折り合いがつかないこと、そして、ここまで話がまとまっている事を考慮した結果、「コン

フィチュール」(粘度の低いジャム)を製造することでまとまった。これは、各部署に大きな裁量権が与えられているからこその決断であった。

　8月には、収穫したモモを加工業者の指示通りに洗浄・冷凍し、運搬した。そして、コンセプトや商品イメージを盛り込んだ商品のネーミングについて、長い時間をかけて全社員で協議した。なかなか結論が出ず、最終的に候補を3つに絞り、アンケートをとることにした。そして、「もものふるさとからの贈り物　ピーチぴちっ」に決定した。

　9月には、デザイナーと相談しながらラベル・デザインを作成した（写真4－2参照）。また、新聞社からの取材を受け、社員の動機づけは大いに高まった。そして、販売促進用のポスターやチラシを作成し、10月から学校やスーパーなどで販売した。

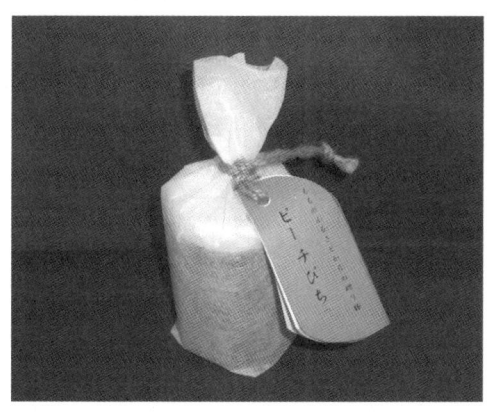

写真4－2　商品デザイン

1月には、株主総会の準備のため、プレゼンテーションソフトを利用した資料作りや、決算書・報告書の作成などを行った。そして、2月に株主総会を開いた。収益から生徒達の給料も含めた費用を差し引いた純利益が6万円を超えたため、配当を30％とした。株主からは多くの質問が出たが、関係部署は一生懸命に答えた。今まで、人前に立つ機会がなかったり立つことがなかったりする生徒が、堂々と受け答えをしている姿を見ていると、成長がうかがえた。

(2) PDCAサイクルからみた起業家教育と今後の可能性

　ここでは、マネジメントサイクルの1つであるPDCA（Plan-Do-Check-Action）の枠組みに基づき、高松農業高校での起業家教育の取り組みを分析する。

　Plan（計画）の段階は、目標を立てて計画・立案することであり、また、個々の生徒に自己責任の伴った心理的緊張感を持たせる段階である。そして、以下の3点のような特徴があった。

　第1に、全員参画の組織である。科目「農業経営」は一年次の必履修科目であるため、同学科の一年生全員（40名）で取り組んでいる。そして、興味・関心の薄い生徒や消極的な生徒が出ないようにするための工夫として、研究開発部・企画部・経理部・第一営業部・第二営業部をそれぞれ第一事業部と第二事業部に分け、部署を細かく分けると同時に、1つの部署を4名という少ないメンバー構成にしたことがあげられる。これにより責任の所在が明確となり、責任感を持って取り組まなけれ

ば他のメンバーや他の部署に迷惑がかかることが認識でき、自発的に取り組まなければならない状況に置かれる。また、各部署にはさまざまなことを決定することのできる大きな裁量権が与えられており、参画意識が高まる工夫をした。

　第2に、ワークショップ形式の授業である。科目「農業経営」では、「農業経営の設計と管理に必要な知識と技術を習得させ、コスト管理とマーケティングの必要性を理解させるとともに、経営管理の改善を図る能力と態度を育てる」[11]という目標を達成するために、座学や演習を行っている。そして、この取り組みでは生徒達に「考える」ことを恒常化させることをねらいとして、ワークショップ形式の授業を導入している。生徒側にイニシアティブを与えることで、自分達の選択や決定に対しては自己責任があることを認識させることになった。

　第3に、資本金と配当金の設定である。意図的に資本金の額を高く設定することにより、心理的な緊張感を持続させた。当初の目標は、50万円であったものの、最終的には20万円の出資金しか集まらなかったが、高校生にとってはかなりの金額である。そして、(株)芽ぐみでは最終的に出資金を返金するだけではなく、出資金の額に対して10%の配当金を支払うことを目標とした。

　Do（実行）の段階は、計画を実行する段階であり、実際に各部署が取り組み、失敗する可能性の高い段階である。

　研究開発部は商品開発のためのヒアリング調査、経理部は出資金集めとその管理、企画部は商品開発・提案、第一営業部は

加工業者との交渉・契約と原材料の仕入れ、第二営業部は販売先との交渉とセールスプロモーション・販売が主な業務である。ここでは、挑戦することや計画・準備したことを実際に実行に移すということの重要性を理解させるとともに、失敗させる段階なのである。また、この段階の特徴の1つとしては、教師以外の成人と接することがあげられる。普段接している教師以外の成人と接するということは、今までのような生徒対生徒や生徒対教師という構図ではない。また、教師側はあくまで助言者の役割に徹していることから、そのやりとりは生徒達の手に委ねられている。外部とのやり取りは失敗の場として機能し、失敗のチャンスに満ち溢れていたのである。

Check（評価）の段階は、実行が計画通りに行われているかを把握し、評価する段階である。

換言するならば、調査・勧誘・提案・交渉・販売などの取り組み（Do）の結果と、当初の各部署での協議やワークショップによって立案された計画や予定（Plan）を比較し、失敗に気づかせる段階なのである。取り組みの中で失敗に気づくことは多いが、内省という作業をしない限り、次の段階にステップアップはしない。なぜならば、表面的な事象に対する反省は非常に明確であるものの、そのひとつ上のレベルまでに踏み込んだ内省がなければ本質的な問題は解決されず、創造性は育まれないからである。また、学習を誘発する強い要因にもならないのである。

Action（調整・改善）の段階は、評価を基に計画が達成可能

かどうかを判断し、調整・改善をする段階である。

　ヒアリング調査においては、初回のヒアリング調査の時の気づきや反省を生かし、質問項目の再検討、商品開発のためのキーワードを導き出す方法やメモのとり方である。出資金の募集時においては、場当たり的な説明や十分な受け答えができなかったことを生かし、資料の作成・準備、商品の具体的説明と見通しの説明である。商品開発・提案においては、部署内だけではなく、全社員や招聘したデザイナーとの何回ものやりとりによる修正の繰り返しである。加工業者との交渉においては、(株)芽ぐみ側の要望に応えてもらうべく、用意周到な資料作成と業者との綿密な打ち合わせである。販売においては、販売促進方法の再検討や販路拡大である。

　以上、農業高校における起業家教育について見てきたが、まず、PDCAの一連の流れを「リスク負担」と「失敗のチャンス」の両面から捉えると、大きく2つの段階に分けて考えることができる。

　1つは、Planの段階がリスクを意識した段階であることが明らかとなった。全員参画やワークショップを取り入れた活動、高額な資本金と配当金の設定が心理的緊張感を高め、また、生徒達が放課後などを利用して自発的に課題を見つけて取り組むとともに、自己責任が伴うことにより当事者意識を持って活動するなど、外発的動機づけが内発的動機づけに移行した。

　もう1つは、Do-Check-Actionの段階である。Doの段階で失敗をし、Checkの段階で失敗を認識し、Actionの段階で失

敗を挽回するエネルギーが発生して学習に至る、という失敗を意識した段階であることが明らかとなった。生徒達が実際に活動するなかで、成功体験だけではなく失敗体験をし、それに気づき、学習するといった一連の過程を経るからこそ、本質的な学びがあるのである。つまり、"learning by doing" は成功体験によるものよりも、失敗を伴った経験の方が意義深いのである。

次に、「キャリア形成」の視点で捉えると、先述した4つの能力を育んでいる。

まず、ワークショップや経営会議、多様な他者との場にふさわしいコミュニケーションを通して育まれる「人間関係形成能力」。次に、ヒアリング調査・アンケート調査といった、さまざまな探索的な体験を通して育まれる「情報活用能力」。そして、それぞれの役割の自覚と責任の認識や目標達成に向けての計画・実行・見直しを通して育まれる「将来設計能力」。最後に、自己の責任で主体的な選択・決定をし、課題を設定し問題や葛藤を克服しながら解決して育まれる「意思決定能力」、である。

インターンシップのような短期的な就業体験では、起業家精神の育成までは発展しない。そのような意味で起業家教育は、現実社会に結びついた実践的な教育活動といえる。

現在、農業高校での職業教育には、完成教育としてではなく生涯学習の視点を踏まえた教育という位置づけから、高校教育（後期中等教育）と高等教育との円滑な接続が求められている。つまり、農業高校での3年間は職業教育の全体的枠組みの

中の一部分である。しかし、起業家精神の育成は短期間で達成できるものではなく、高校段階からその育成のために多くの機会を与えていくことが重要なのである。そして、PDCAサイクルを繰り返すことにより、創造力や問題解決能力などを育むことが可能となる。

　農業高校における起業家教育は、学習の深化だけを目的としたものではなく、社会の状況が大きく変化する中で、農業分野に関する職業教育の原点に立ち返った取り組みである。また、学校教育と実社会とを有機的に結びつけることで、現在農業高校において展開されている職業教育に欠如している部分を補完する取り組みでもある。

　もちろん、教育実践としては発生する可能性のある損失の問題や経営手法など多くの課題が山積しており、教育活動そのものにもリスクが伴っていることも事実である。また、指導者側にもマニュアルはなく、失敗の可能性も内包している。しかし、このような取り組みは起業家精神を具備した農業経営者を育成する有用なプログラムであり、新しい時代における農業高校に求められるものである。そして、生徒だけではなく、創造力や問題解決能力などを発揮できる教師像を確立するプロセスであるともいえる。

注
1）　大阪商業大学起業教育研究会［2］pp.4-5を参照のこと。
2）　ドラッカー［7］pp.30-38を参照のこと。
3）　田辺［5］pp.11-13を参照のこと。

4） 土田・伊藤［6］pp.1-6 を参照のこと。
5） 多鹿［4］pp.42-48 を参照のこと。
6） Ryan［11］pp.13-51 を参照のこと。
7） 畑村［8］pp.25-26 を参照のこと。
8） 伊丹・加護野［1］pp.479-484 を参照のこと。
9） 半田［9］pp.34-38 を参照のこと。
10） 国立教育政策研究所生徒指導研究センター［3］pp.44-48 を参照のこと。
11） 文部省［10］pp.105-111 を参照のこと。

参考文献

［1］ 伊丹敬之・加護野忠男『ゼミナール経営学入門』、日本経済新聞社、2004
［2］ 大阪商業大学起業教育研究会編『高校生のための起業教育ワークブック』、大阪商業大学、2005
［3］ 国立教育政策研究所生徒指導研究センター『児童生徒の職業観・勤労観を育む教育の推進について（調査研究報告書）』、2002
［4］ 多鹿秀継『教育心理学』、サイエンス社、2001
［5］ 田辺和俊『ゼロから学ぶリスク論』、日本評論社、2005
［6］ 土田昭司・伊藤誠宏『若者の感性とリスク』、北大路書房、2003
［7］ P. F. ドラッカー『イノベーションと起業家精神（上）』、ダイヤモンド社、2005
［8］ 畑村洋太郎『失敗学のすすめ』、講談社、2003
［9］ 半田正樹編『大地のビジネスと挑戦者たち』、大学教育出版、2006
［10］ 文部省『高等学校学習指導要領』、実教出版、2000
［11］ Ryan, R. M., Connell, J. P. and Deci, E. L.: A motivation analysis of self-determination and self-regulation in education. In Research on motivation in education Vol. 2, The classroom milieu, (Ames. C. and Ames, R. E. Eds.), Academic Press, New York, 1985

第Ⅴ章
ハイパー・メリトクラシー化の中での農業高校のあり方

　本章では、「専門性」というキーワードに着目し、教育社会学者である本田由紀氏[1]の卓抜な見解（『多元化する「能力」と日本社会　ハイパー・メリトクラシー化のなかで』）に関して、第Ⅱ章から第Ⅳ章で検討対象とした農業高校に焦点をあてて評価と批判を試みる。そして、農業高校における「専門性」のあり方について考察する。

第１節　「専門性」という鎧 ―本田言説―

　本田氏の見解の要点を整理すると以下のようになる。
　「近代社会」は業績主義によって位置づけられ、社会的地位の選抜・配分を決める評価基準は標準化可能な学力や学歴であった。そのような意味で我が国は、能力ある人びとによる統治と支配が成立している社会であり、「メリトクラシー」

(meritocracy；能力主義社会、エリート支配)と呼ばれる。しかし、現在では情報化・消費化・サービス化が進展し、労働のあり方が量的・質的に柔軟化した「ポスト近代社会」である。そして、対人関係能力に重きを置かれるこれからの日本社会の趨勢を、「ポスト近代社会」におけるメリトクラシーの亜種ないし発展形態として「ハイパー・メリトクラシー」と本田氏は呼んでいる。さらに、「近代社会」のメリトクラシー下で人びとに要請される能力を「近代型能力」、「ポスト近代社会」のハイパー・メリトクラシー下で人びとに要請される能力を「ポスト近代型能力」とした。

「近代型能力」とは、身につける一定のノウハウがあり、的確に踏襲すれば多くのものが習得でき、標準テストなどで測定できる能力であり、公正かつ公平な測定・証明装置である。一方の「ポスト近代型能力」は、努力やノウハウとはなじまず、個々人の人格や感情などと一体化し、家庭環境という要素が非常に重要であり、柔軟性や即応性により測定・証明されにくく、曖昧で流動的なものである。しかし、メリトクラシーは社会の基底的な構造としていまだに存続しており、そこにハイパー・メリトクラシーという側面が付加されつつあり、現代社会では「ポスト近代型能力」と称されるような柔軟で不定形の諸能力が明らかな影響をおよぼすようになっていると指摘している。

本田氏はこうした事態に対抗するため、つまり、ハイパー・メリトクラシーに抗うために専門性という鎧を身に纏うことを

処方箋として提示した。本田氏のいう専門性とは、ある程度輪郭の明瞭な分野に関する体系的な知識とスキルであり、他分野への応用可能性と、時間的な更新・発展可能性に開かれたものとして想定されている。そして、「ポスト近代型能力」の要請に対抗するための有効な鎧として、一定の学習過程を通じて習得可能であるとしている。

現代高校生の対人能力に関する分析では、専門高校生は「進路不安」が低く、「対人能力」が高いことを明らかにし、その理由として、同じ専門性で結ばれた集団に属し、共同で作業にあたることなどを通じて「対人能力」が培われると同時に、社会へ出て行くことの「不安」が薄められることを指摘している。そして、専門性が「ポスト近代型能力」の形成に対してもち得る意義の根拠を、次の3点にまとめている。

第1に、専門性によって共同体を形成することで、対人的なつながりを形成し、コミュニケーション能力を向上させることができる。第2に、専門性は個々人にとって何らかの「選択」を不可避とすることから、アイデンティティの感覚や意思力・決断力の形成に役立つ。第3に、「専門性」は社会の実際の動きと直結した具体的な「行動」の重要性に関する実感を通じて、自己効力感や社会的責任感の形成に貢献しうる。

つまり、個々人が専門性を形成することができる機会を、社会の中に潤沢かつ周到に設けることが、ハイパー・メリトクラシー化の趨勢に対して最も現実的な対処策であるとしている。そして、さまざまな社会的な場の中でも特に重視すべきは学校

教育であり、とりわけ高校段階を重要な戦略的拠点として位置づけている。なぜならば、義務教育修了直後の学校段階である高校においては、分化した教育内容の導入が義務教育段階よりも正当化されやすいからであり、また、修了後に進学せずに社会に出る若者が一定の比重で存在しているからである。

　本田氏の見解を一言で表現するならば、専門性という鎧を身につけていれば、それはポスト近代社会の不可逆性を認識した上で、亢進するハイパー・メリトクラシー化から若者達を守ることが可能ということである。

　次節では、高校段階における専門性の考察を通じて、本田言説の評価と批判を試みる。

第2節　農業高校の実情と「専門性」
　　　　―本田言説の評価と批判―

(1) 入学者の状況と教育内容の矛盾

　まず、農業高校をはじめとする専門高校に通う生徒の意識について、ベネッセ教育研究所が2001（平成13）年に実施した興味深い調査を用いて考察する[2]。この調査データは、全国の専門高校の中から、農林、工業、商業、水産、家政、看護、総合の学校種別にそれぞれ一校の生徒の意識調査をしたものである。

　はじめに、「入学したい学校だったか」という設問について

見ると、専門高校へぜひ入学したかった割合は全体で43.9%にものぼり、普通科高校の33.2%を大きく上回っている（表5－1参照）。学校種別に見ると、看護や家政が約6割となっている反面、水産が15.9%で、次いで農業が27.9%と低い。本調査は、学校種別の一校を抜き出した調査結果のため、安易な一般化は避けなければならない。しかし、1982（昭和57）年に同研究所が工業、商業、園芸・農業の全13校を対象とした、職業科に学ぶ高校生の実態調査の結果[3]を見ると、職業科全体では38.7%、工業46.6%、商業39.1%、園芸・農業27.4%となり、2001（平成13）年調査の結果と非常に近い数値を示している（表5－2参照）。

また、「入学にあたって重視したこと」という設問については、全体では「専門的な知識や技術が身につけられる」をあげ

表5－1 「入学したい学校だったか」という設問の結果

(単位：%)

	ぜひ入りたかった	どちらかというと入りたかった	どちらともいえない	あまり入りたくなかった	入りたくなかった
専門	43.9	27.1	20.7	5.2	3.1
普通	33.2	29.0	28.4	7.0	2.5
農林	27.9	29.5	29.5	7.5	5.5
工業	44.3	32.0	18.3	3.4	1.9
商業	47.5	28.1	19.1	3.4	1.9
水産	15.9	25.4	36.3	14.6	7.8
家政	59.6	22.9	12.6	3.1	1.8
看護	60.3	25.1	9.6	2.3	2.7
総合	56.4	23.3	16.1	2.9	1.3

資料：ベネッセ教育研究所［8］、p.11より引用。

表5-2 第一志望者の割合

(単位:%)

	今の高校をはじめから希望していた	本当は他の高校を希望していた	どこでもよいと思った	本当は高校に行きたくはなかった
全体	38.7	47.9	10.0	2.6
工業	46.6	41.9	8.4	2.2
商業	39.1	49.3	9.0	2.0
園芸・農業	27.4	53.0	14.0	4.3

資料:ベネッセ教育研究所[7]、p.12のデータを基に作成。

表5-3 「入学にあたって重視したこと」という設問の結果

(単位:%)

	全体	農林	工業	商業	水産	家政	看護	総合
専門的な知識や技術が身につけられる	48.6	42.2	41.1	58.8	32.2	61.9	68.0	47.1
将来自分のやりたい仕事に役立つ	39.0	32.6	30.5	38.7	22.7	50.7	78.5	39.1
就職に有利	29.8	17.3	33.8	61.5	24.4	19.4	46.6	7.8
自分の適性にふさわしい	25.4	21.7	20.7	24.0	12.6	40.3	13.7	36.8
自分の学力に見合っている	22.6	24.0	20.3	28.3	22.8	34.5	17.0	15.0
個性的な仕事につける	19.2	16.7	19.6	15.0	17.4	28.5	25.8	18.1
学校や学科の施設、設備が整っている	16.2	11.0	9.5	23.1	9.5	13.3	19.2	25.6
親のすすめ	10.0	9.1	6.2	15.3	7.1	11.7	14.2	8.7
大学・短大の推薦による進学に有利	5.9	5.2	5.4	12.1	3.1	8.6	5.5	2.0
中学の先生のすすめ	4.9	7.6	3.2	5.6	4.7	8.6	4.1	2.5

資料:ベネッセ教育研究所[8]、p.13より引用。

ており、同時に「将来自分のやりたい仕事に役立つ」をあげている（表5－3参照）。「就職に有利」の項目については商業と看護が高い数値を示しているものの、総合と農林は低い。つまり、学校種別に見ると、看護、家政、商業には専門性を重視して入学していが、水産と農林の入学者はあまり専門性を考慮していないようである。つまり、動機づけの低い生徒が農業高校に入学していることになり、専門性を意識するか否かは入学してからというようである。

さらに、「仕事への見通し（就職希望者）」という設問については、全体では「高校で身につけた知識や技術が生かせる仕事」「正社員としてやりがいのある仕事」「自分の適正を生かせる仕事」という回答が2割を超えている（表5－4参照）。しかし農林では、「高校で身につけた知識や技術が生かせる仕事」の数値は他の校種と比べて低く、入学後も専門性は意識さ

表5－4　「仕事への見通し（就職希望者）」という設問の結果

（単位：％）

	全体	農林	工業	商業	水産	家政	看護	総合
高校で身につけた知識や技術を生かせる仕事	21.7	14.1	18.7	24.1	19.7	24.1	54.3	24.7
正社員としてやりがいのある仕事	21.5	20.5	21.5	19.8	18.9	25.0	44.4	22.2
自分の適性を生かせる仕事	21.4	20.5	19.9	17.8	20.5	35.2	34.8	25.0
自分の希望する給与や待遇と合う仕事	13.5	13.1	12.4	10.9	13.1	26.4	35.6	5.5

資料：ベネッセ教育研究所［8］、p.37より引用。

れていない。

　これら3つの調査結果からもわかるように、20年経過した現在も専門高校の評価には際立った変化は無く、いまだ農業高校の置かれた位置は工業や商業に比べて低く、生徒達の評価は芳しくない状況にある。また、農業高校は専門高校の中でも特に専門性を意識して入学する者は少なく、入学後も専門性を生かした就職を期待もせず、望みもしていないのである。かつて農業高校は、自立した農業経営者や農業関連産業従事者の育成に一定の役割を果たし、専門性という面で意義ある教育施設であった。しかし、時代の潮流により非農家出身者の割合が増加し、また、多様化した生徒が入学するようになったのである。

　次に、高等学校における総合的な教育計画である教育課程について考察する。教育課程の基準を示した学習指導要領は、約10年間隔で改定が行われ、5年に一度見直しがなされ、修正が加えられるというのが基本である。その中の教科「農業」の目標を見ると、1952（昭和27）年告示の学習指導要領には、「将来、みずから農業を営みあるいは初級技術者として」と示しており、1956（昭和31）年告示の学習指導要領にも「将来、農業自営者あるいは中堅農業技術者になろうとする者」と生徒の将来像を示している。この文言は、戦後の復興のために農業生産力の向上を図り、食料増産や雇用確保といった農業振興策がとられた時代には、非常に整合性のあるものといえる。しかし、高度経済成長による産業構造や就業構造の変化などにより、農業・農村の実情が大きく変化した今日、知識・技術の習

得を重視する傾向を強め、学習指導要領にはかつてのような具体的な将来像に関する記述は存在しなくなった。現行の学習指導要領では、「農業の各分野に関する基礎的・基本的な知識と技術を習得させ、農業の社会的な意義や役割を理解させるとともに、農業に関する諸課題を主体的、合理的に解決し、農業の充実と社会の発展を図る創造的、実践的な能力と態度を育てる」と記述されている。さらに、農業高校には能力・適性・進路などの多様化した生徒が入学する状況に対応するために、概論的な科目「農業科学基礎」と「環境科学基礎」の新たな設置や、国際化、情報化、科学技術の発展、環境問題への関心の高まりなどに即した新たな授業科目の設置と精選など、教育課程が弾力的に編成されている。

　ここで注目すべきことは、高度経済成長期以降の農業の近代化は農業高校の教育内容に大きな影響を与えたことである。佐藤[4]は、それに伴い、大規模経営をモデルとする農業教育が現実の小規模な農家経営に対して貢献できず、農業高校の教育内容と現実の農家経営の乖離を招いたことを指摘している。そして、農業後継者の育成もできないまま、結果として農業高校の存在意義が問われるようになり、「農業高校の失敗」と評した。つまり、入学者や教育内容に矛盾が生じ、それがさらに非農家出身者や多様化した生徒の入学を促進し、負の循環が生起したのである。

(2) 進路指導としての職業選抜

 その負の循環を加速度的に高めたのが、就職を主とした進路指導・進路保障である。ここでは、農業高校をはじめとする専門高校をとりまく進路指導、特に職業選抜という観点で職業教育を捉えていく。

 2000（平成 12）年度の文部省「学校基本調査」によれば、高校卒業者のうち就職が 18.2％、大学などへの進学が 45.1％となっている。一方、農業高校卒業後の進路は、就職が 51.3％、大学などへの進学が 11.1％であり、高い就職率を示している現状にある。

 専門高校は、専門的知識・技術の基礎・基本の習得をねらいとしているが、卒業後の進路保障、特に就職指導に力を入れている。これは、Semi-OJT による即戦力としての職業人の育成を掲げてきた経緯があると同時に、1949（昭和 24）年に改正された「職業安定法」により、職業斡旋が高校に職業安定業務の一部として委任され、教育活動の一環として明確となったからである。そして、高校への進学率の上昇に伴う入学者の多様化や社会情勢の変化などにより、農業高校を卒業後、農業とは関係のない一般企業に就職する者が増えていった。つまり、農業高校での進路指導は、生徒の職業決定に大きな意味を持ったのである。

 また、就職に関して 1960 年代に我が国固有の雇用制度・慣行が確立されたことにも注意しておかなければならない。それは、①就職活動や求人活動に際して学校や求職者である生徒と

企業との間に結ばれた「就職協定」、②過去の採用実績から継続的な就職—採用関係である「実績関係」や、企業が特定の学校を指定して求人を行う「指定校制度」、③一人の生徒が一度に応募できる企業を一社に制限し、学校推薦をするという「一人一社制」などである[5]。特に、「実績関係」や「指定校制度」による求人票が多数を占めることは、この時点において生徒にとっては選択肢が少なく、職業機会が制約されることになる。さらにこれは、高校を選択した時点から大きな制約要因となっている。

そして、学校に送付されてきた求人票を基に、学校内で生徒の希望・能力・適性などの教育的配慮の下に調整・学校推薦が行われる。この公式化された調整・学校推薦は、学校内部で内面化・共有化されたものとなっており、実質的に予備的選抜になっている。上記の雇用制度や慣行からもわかるように、求職者である生徒と求人者である企業との間において、学校が単なる橋渡しとしての機能ではなく、事前の選抜装置としてのコントロール機能を果たしている。これについては、小林[6]も学校を職業的意識・技術の伝達機関としてよりも人材の選抜・配分装置として指摘している。また、労働市場においても高卒者の評価は大きく変わり、後藤[7]は高卒ブルーカラーは中卒労働力の代替であり専門教育は評価されていないと指摘している。

以上より、進路指導においては農業高校をはじめとした専門高校は専門教育・職業教育を特に意識したものではなく、進路指導そのものが生徒の職業選抜や卒業後の動向に大きな影響を

与えていることは想像に難くない。また、継続的な目標として掲げてきた自立した農業経営者や農業関連産業従事者の育成と、多様化した生徒の入学、就職を主とした進路指導・進路保障といった現状とは矛盾する関係にある。

(3) 理想化された「専門性」

本田氏がハイパー・メリトクラシー化の中で、個々人が「ポスト近代型能力」の要請に対抗する有効な手立てとして、一定の学習課程を通じて習得可能である専門性に注目したことは意義深い。それが有効に機能し、社会全体がその価値の正当性を認知すれば、農業高校の存在意義は現在のそれとは間違いなく大きく異なるであろう。そして、その専門性が有利に働く材料となり、将来的に展望が開ける形態の学校であるならば、これまで見てきた今日のような消極的選択から積極的選択に転換されるであろう。そのような意味で、専門性に期待するという発想は大いなる可能性を秘めている。

しかし、まず本田氏によるある程度輪郭の明瞭な分野に関する体系的な知識とスキルである専門性が、高校段階や農業分野にどこまで対応できるものであるかという疑問符がつく。その理由は、次の2点である。

第1に、高校教育（後期中学教育）段階で、即戦力となり得る専門性の獲得は物理的に困難である。高校教育段階として、また、農業という自営的側面を有した産業的特徴を有しているため、3年の修業年限では限界がある。さらに、新たに専門性

をより具体化した学習指導要領を改訂して明示したとしても、社会的な要請から第Ⅱ章で述べたような食農教育施設、職業教育の展開方法の一形態としての第Ⅲ章の「新日本版デュアルシステム」の創設や第Ⅳ章の起業家教育では、即戦力としては期待しにくい。つまり、学校でどこまで専門性というものに対応でき、育むことができるかということへの疑問である。

　第2に、職業世界との連結の困難さによる出口の保障の問題である。仮に、卓越した専門的な知識や技術を習得したとしても、それが生かされるような出口がなければ、専門性は意味を持たなくなってしまう。つまり、ある一定の就業先が必要となってくるのである。特に農業高校では、商業・工業高校とは異なり、現状としては農業関連産業への就業先はごくわずかであり、自立するにも初期投資額があまりに大きく、リスクも覚悟しなければならない特徴を有している。また、精神的自立やアイデンティティの確立の遅延が叫ばれている中で、高校段階でどこまで専門性という名の職業的レリバンスの認知を高め、円滑な移行ができるのかという問題もある。

　次に、専門性という能力について検証していく。

　本田氏がいう明確な基準を持った知識やスキルであれ、産業界や企業が採用の基準としてのコミュニケーション能力や情報収集能力、チャレンジ精神、論理的思考力、どれもすべて能力という選別基準が存在しているはずである。換言するならば、本田氏のいう能力と産業界や企業側が求めている能力とは本質的に変わらず、どちら側も能力主義的な選別が行われるという

ことである。能力がどのようなものであるにせよ、それは客観的な選別を行うために、今日の能力主義は普遍的に存在し、これからも存在し続けるものであるから、その能力という基準をなくすことはできず、本田氏のいう能力と産業界や企業側の求めている能力とは本質的に変わらず、本田言説は自己矛盾に陥ることになる。

　さらに、本田氏のいう専門性は産業界や企業側から本当に求められる専門性なのであるかという問題である。高校段階までに身につけた専門性が、産業界や企業側が求める専門性という保障はない。なぜならば、元来専門性は産業界や企業側が決めることであったり、社会慣行の中で徐々に形成されていくものであったりするものだからである。さらに、専門性という鎧さえ身につけていれば「ポスト近代型能力」が要求されるとしても、その専門的な領域に関わる範囲においてその要求に応えればよい、ということになるが、果たして組織構成員としてそれで十分なのかということも極めて疑問である。

　2004（平成16）年の日本経済団体連合会の『21世紀を生き抜く次世代育成のための提言』には、産業界に求められる人材が備えるべき力として、志と心（人間性・倫理観・社会性等）・行動力（実行力・コミュニケーション能力・情報収集能力等）・知力（基礎学力・論理的思考力・戦略的思考力等）の3つの力があげられている。専門性も知力の1つとしてあげられているが、大々的に扱われているわけではない。やはり、学校教育に期待されるのは本田氏のいう「ポスト近代型能力」なのであ

る。しかし、職能教育において、企業内で行われるOJTに優るものはないという裏づけにもなっている。つまり、前述したように、学校は職業的意識・技術の伝達機関ではなく、人材の選抜・配分装置として機能し、OJTによる雇用システムが形成され、学校教育は企業内での人材養成に耐えうる「優秀な素材」としての人材の提供を求められているのである。換言するならば、産業界や企業側では中途半端な専門的な教育などは不必要なのである。

また、視点を変えれば、本田氏の提言は専門性それ自体というよりも、それに派生する教育効果に意義があるとしているようにも読み取れる。しかし、そうであるならば学校で行われているさまざまな教育活動でも、一定の教育効果をあげることが可能であり、批判を恐れずにいえば、専門性でなくても、学力を育む過程で得られるものであっても構わないのである。

次節では、専門高校として農業高校が今後どのように専門性を位置づけ、その存在意義を明確にしていくかについて考察する。

第3節　農業高校における「専門性」の追究

(1) 学校教育と産業界の間の「専門性」

それでは、ハイパー・メリトクラシーの趨勢に対して、農業高校における専門性はどのようにあるべきだろうか。専門高校

として、本来の趣旨(職業教育)を忘れることは、そのアイデンティティの喪失につながりかねない。その前提に立った上で、守るべき部分は残し、変化しなければならない部分はリスクを恐れず変化しなければならない。そのリスクの中にこそ、「今」すべきことが見つかり、「将来」を見出すキーワードを発見することができるのである。

農業高校は、自立した農業経営者や農業関連産業従事者の育成を掲げてきたが、それを達成するためには卒業後の着地点がある程度予測できるような一定の就業先が存在しているという前提条件が必要となる。ここでは議論を他に譲るが、農業という産業的特徴も含め、何らかの形で就業できるような施策を講じる必要がある。また、これまでの農業高校で修得する知識・技術である専門性と、産業界や企業側の求めている専門性との間隙を埋めることも必要である。先に述べた通り、専門性そのものは産業界や企業側が決めることであったり、社会慣行の中で徐々に形成されていくものであったりという性質上、農業高校における職能教育が自己完結型で、産業現場との乖離があることは大きな問題となる。農業高校ではそのことを認識するとともに、その間隙を埋める手立てを講じなければならないのである。

そのためにも、第Ⅲ章において専門教科内で基礎・基本の指導は学校で行い、科目「総合実習」で産業界における実践的実習にあてる「新日本版デュアルシステム」の創設を提言した。そして、実践的実習に関してはある程度まで学校が関与する

が、それはあくまで指導上の立場としての教育的配慮が必要であり、具体的な内容については産業界がイニシアティブをとらなければならない。ドイツ版デュアルシステムが成功した背景には、商工会議所などの業界団体や企業が内容を決めていたからといっても過言ではない。つまり、学校教育と産業界の主導的なバランスが重要となるのである。

　また、それに伴って学校と産業界の統一された認識も必要となってくる。そのためには、第1に、産業界がまとまる必要がある。個々が個別に受け入れることは困難であるため、デュアルシステムを受け入れる素地を産業界が積極的に整備しなければならない。さらに、ある程度方向性を示した要項を作成することにより、個々の受け入れ先の混乱を防ぐことができ、学校としても理解しやすく、整合性のとれた教育活動を展開することが可能となってくる。第2に、マイスター制度などの資格制度の創設である。同じ産業界の中で互換性のある資格制度を設けることにより、取得した資格が専門性をより明確化し、ある程度標準化され認知しやすくなる。これに関しては、本田氏の見解と一致する点が多い。

　ドイツにおいては、中世からマイスター制度があり、その流れを汲んでデュアルシステムが制度化されてきたという背景がある。そして、これまでは大学卒業よりも社会的地位を得られていた。しかし、現在では産業構造の変化などにより学歴社会となり、デュアルシステムも以前ほど有効に機能していない。つまり、短絡的に産業界での実践的実習の受け入れや、資格制

度の創設だけでは解決されないのである。

(2) カリキュラムの抜本的な再編成
　―コンピテンシーカリキュラムの導入―

　農業高校をはじめとする専門高校は、実社会に生かされる知識や技術の習得を通して産業界などのニーズに応じた職業教育を行ってきた。しかし、それを取り巻く環境は刻々と変化しており、その都度変化に応じた見直しが必要となってくる。なぜなら、知識や技術もその変化に応じて変わってくるからである。また、多様化している生徒の実態とその進路への対応も考えなければならない。このため、産業界などの求める人材育成だけでなく、社会のニーズ・生徒の実態にも応じたカリキュラムの編成が求められる。

　専門教育という性格上、その目的と結果の整合性を追求する際、社会の変化に応じた教育内容となるのは当然のことである。そのカリキュラムは、それぞれの学校が学校教育法施行規則に従い、「生徒の人間として調和のとれた育成を目指し、地域や学校の実態、課程や学科の特色、生徒の心身の発達段階及び特性等を十分考慮して」編成される（第1章総則）。また、その編成は生徒の実態に応じて弾力的に運用が可能となっている。

　第Ⅱ章で示したように、農業生産だけではなく人間生活との関わりなどの社会的意義にも教育内容が拡大していることや、農業の情操教育効果などを含めた教育力が注目されるなど社会

のニーズの高まりにより、農業高校が農業に関する教育的方法を兼ね備えた「食農教育の拠点」としてその存在意義を高めるために、そのようなカリキュラムを組み込まなければならない。一方で、本来の趣旨である職業人の育成、つまり、産業界が求めるような人材育成や政策に合致するような農業経営者の育成も必要不可欠である。第Ⅲ章では、専門的な知識・技術の習得、スペシャリストに必要な問題解決能力や自己教育力の育成、知識・技術の深化・総合化を図る「新日本版デュアルシステム」の創設を提示したが、このような社会と直結したカリキュラムが職業人の育成のためには必要となってくる。また、第Ⅳ章で示したような、自立性、チャレンジ精神、創造性、積極性、探求心、そして自己表現力や協調性といった要素で構成される起業家精神を育む教育も力を入れていかなければならず、そのようなカリキュラムも当然必要となってくる。

　農業という産業的特徴を考慮したカリキュラムの場合、自営的な色合が濃く、結果が求められる成果主義的側面を有していることに注意を払わなければならない。つまり、農業経営において知識やスキルを行動に結びつけていく顕在的な能力であるコンピテンシー(competency)が求められるのである。しかし、現状として職業教育にはその視点が置き去りにされている。

　誤解を恐れずにいうと、真の職業教育というものはその分野の知識・技術の習得が専門性として意味を持つのではなく、それをどのように活用して実際の行動に結びつけ、顕在化できるのかにかかっている。つまり、高業績者の成果達成の行動特性

であるコンピテンシーと職能（知識やスキル）は職業教育の核をなす両輪といえるのである。

コンピテンシーは新しい評価制度として近年注目を浴びており、1970年代にマクレランド（McClelland, D.C.）[8]によって研究され、1990年代に実用化された理論である。そして、古川[9]はコンピテンシーの高さは業績と相関関係にあり、また、経験の量ではなく質が大きな意味を持っていることを実証的に明らかにした。そのコンピテンシーの獲得の根底には、学習の集積が必要不可欠であり、2つの学習機会により促進されるとして体系的に説明している[10]（図5-1参照）。

それによれば、第1の学習機会は、自分自身の直接経験による学習である。経験による学習は、行動→過程→結果の連鎖で構成され、人の学習の基本であり、直接経験は個人の学習の活性化をもたらす。農業高校における基礎的・基本的な知識と技術の習得は、まさに自らが栽培・飼育などを直接経験する学習

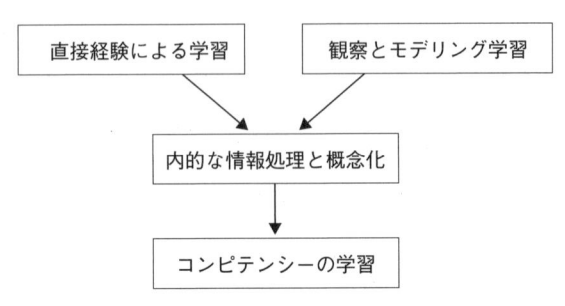

図5-1　コンピテンシーの学習の過程
資料：古川［6］、p.49の図を基に作成。

活動である。また、食農教育や起業家教育も同様のことがいえる。第2の学習機会は、他者の観察とモデリングによる学習である。人は直接経験しなくとも他者の行動を観察し、それを手本として模倣することにより、多くのことを学習している。バンデューラ（Bandura, A.)[11]はモデルの行動を観察するだけで学習効果を得ることができるという考え方である「社会的学習理論」を提唱し、観察することで学習効果を得られる過程をモデリングと呼んだ。そのモデリング学習の効果として、①モデルの観察をすることで新しい行動パターンを獲得する観察学習効果、②既に獲得している行動を抑制・制止したり、逆にその抑制を弱めたりする制止・脱制止効果、③他者の行動により既に獲得している行動を促進する反応促進効果、などをあげている。そして、直接経験による学習と他者の観察とモデリングによる学習を通して、内的な情報処理と概念化によりコンピテンシーの学習は促進される。

　しかし、高等学校における職業教育の教育現場において、この第2の学習機会である「他者の観察とモデリング学習」は、ほとんど重要視されていないように思われる。限られた教科内の時間の中で展開することの困難性も有しているが、それ以上に"learning by doing（なすことによって学ぶ）"という自分自身の直接経験による学習に重点を置いて教育活動を展開しているのが現状なのである。そして、自己の直接経験に重きを置いた教育活動が、産業としての認識に歪みや偏りを生起させ矮小化させる要因となっている。つまり、コンピテンシーの学習

を促進するには、「他者の観察とモデリング学習」をカリキュラムの中に位置づける必要があるのである。

このようなカリキュラムを導入することにより、これまで直接経験のみによる学習に支えられてきた専門性が、ハイパー・メリトクラシー化の中で真の専門性として獲得される。ポスト近代社会に向かう中で、農業高校の専門性は、学校教育と産業界の間で明確にカリキュラムの中に位置づけなければならない。その際、注意すべき点として発達段階に応じた指導を行い、普通科目すなわち教養科目とのバランスをとりながら双方を充実させていくことである。また、系統立てた指導を行い、大局的見地で農業を捉えることができるように指導することである。加えて、生涯学習の基礎を培うという観点から、すべての教育活動を通じて、卒業後も職業生活に必要な学習をし、学び続けようとする意欲や態度を育成しなければならない。そして、継続的な教育も視野に入れて教育機関として進学対応を含めた学習指導・進路指導を行わなければならない。

注
1) 本田［9］を参照のこと。
2) ベネッセ教育研究所［8］のpp.2-13を参照のこと。
3) ベネッセ教育研究所［7］のpp.11-13を参照のこと。
4) 佐藤［4］のpp.237-239を参照のこと。
5) 苅谷は文献［1］のpp.51-62中で、これらはいずれも市場原理には想定されていない制度・慣行であり、逸脱的な実践だと指摘している。
6) 小林［3］pp.51-62を参照のこと。

第Ⅴ章　ハイパー・メリトクラシー化の中での農業高校のあり方　*135*

7) 　後藤 [2] pp.14-17 を参照のこと。
8) 　McClelland [10] pp.1-14 を参照のこと。
9) 　古川 [6] pp.221-224 を参照のこと。
10) 　古川 [6] pp.45-51 を参照のこと。
11) 　Bandura [5] を参照のこと。

参考文献

[1] 苅谷剛彦『学校・職業・選抜の社会学』、東京大学出版会、1995
[2] 後藤豊治「高校の多様化と高卒技能訓練との関係について」『日本産業教育学会研究紀要』、第6号、1973
[3] 小林雅之「選抜・配分装置としての学校」『教育社会学研究』、第36集、1981
[4] 佐藤香『社会移動の歴史社会学』、東洋館出版社、2004
[5] Bandura, A. : Social foundations of thought and action, Prentice-Hall, 1986
[6] 古川久敬監修『コンピテンシーラーニング』、日本能率協会マネジメントセンター、2003
[7] ベネッセ教育研究所編集・制作『モノグラフ・高校生』、vol. 8、ベネッセコーポレーション、1983
[8] ベネッセ教育研究所編集・制作『モノグラフ・高校生』、vol. 64、ベネッセコーポレーション、2002
[9] 本田由紀『多元化する「能力」と日本社会　ハイパー・メリトクラシー化のなかで』、ＮＴＴ出版株式会社、2005
[10] McClelland, D.C. : Testing for competence rather than intelligence, American Psychologist, 28, 1973

第Ⅵ章
農業協同組合における教育活動のあり方

第1節　農業協同組合における教育活動

(1) 協同組合原則に見る教育

　協同組合においては、「協同組合運動は教育運動である」といわれるほど、教育の重要性と必要性が強調されてきた。ＪＡにおける教育活動も同様であるが、とかく「一部のリーダー層や金融部門の担当者を対象にしたものにとどまって」[1]おり、「予算の大半は職員の実務研修に当てられ、組合員教育の比重は極端に軽い」[2]現状にある。しかし、組合員のＪＡ離れが進行し、また、協同組合原則にあるように「特に若い人びとやオピニオンリーダーに、協同組合運動の特質と利点について知らせる」ことが掲げられていることから、ＪＡにおいては一部の組合員や役職員に限定されたＪＡ内部での完結型教育ではなく、「開かれたＪＡ」として地域社会の維持・発展を図るために、食と農業に軸足を置いた幅広い教育活動への取り組みが求

められる。

　協同組合は人びとの自主的な組織であり、自発的に手を結んだ人びとが、共同で所有し、民主的に管理する事業体を通じて、共通の経済的・社会的・文化的なニーズと願いを叶えることを目的とする組織である。その協同組合の組織と活動のあり方を規定し、指針としているのが協同組合原則である。そして、その中の第5原則に「教育・研修および広報」が掲げられている。

　その第5原則が掲げられている背景としては、協同組合の母といわれているロッチデール公正先駆者組合が、当初から教育活動の重要性を認め、協同組合という組織が民主的基盤の上に成立していることを前提とし、「教育の促進」に関する規約条項を掲げたことに始まる。そして、ICA（国際協同組合同盟）はその規約条項を発展させ、現在の協同組合原則に教育の重要性を明確に位置づけ、その原則を継承している。それによれば、「協同組合は、組合員、選出された代表、マネージャー、職員がその発展に効果的に貢献できるように、教育訓練を実施する。協同組合は、一般の人びとと、特に若い人びとやオピニオンリーダーに、協同組合運動の特質と利点について知らせる」と謳ってある。つまり、協同組合運動を通じて、組合員個別および相互の利益のために、そして、経済的・社会的・文化的なニーズを充足するためにも、教育は欠かすことのできないものなのである。

　それでは、その教育の対象についてであるが、それは、組合員、役員、職員、地域住民・次世代の4つに大別することがで

きる。これらすべての領域において教育活動は重要であるが、組織構成の根幹をなしているのは組合員であるということに加え、協同組合運動は組合員の運動であるということから、協同組合教育においては組合員教育が最も重要であるといえる。つまり、教育の主たる対象は組合員であり、組合員教育なくして協同組合の存続・発展はありえないのである。

そして、協同組合と密接不可分の関係にある地域住民・次世代の存在を無視するわけにはいかない。そのためにも、広報活動を中心とした活動だけではなく、積極的に日常的な地域活動などを通じて働きかけていく必要がある。このことについては、「協同組合は、組合員が承認する政策を通じて、コミュニティの持続的な発展のために活動する」と第7原則に謳っており、地域社会づくりという側面からも地域住民・次世代教育は無視することはできないのである。

(2) 教育活動の現状

いわゆるJA運動における教育活動の必要性については、次の3つの立場からの要請に基づいて行われている[3]。1つ目は、JAという組織で決議・決定されたことを執行するために必要な「組織からの要請」である。2つ目は、組織構成員（組合員、役員、職員）それぞれの立場での個別的な要求による「個人からの要請」である。3つ目は、生涯学習の視点からであり、変化の激しい社会環境に適応できる能力を維持し、それを高めていく「社会からの要請」である。

そして、ＪＡにおける教育活動の対象は、前述したように組合員、役員、職員、地域住民・次世代の４つがあるが、それぞれの内容について簡潔に整理すると次のようになる。

組合員教育については、協同組合の運動の理念・組織と運営に関するもの、営農活動に関するもの、生活に関するもの、社会人としての教養に関するものがあげられる。役員教育については、ＪＡ運動のリーダーとして、また、経営責任者としての２つの側面から、役員として必要な知識・技能・態度に関するものがあげられる。職員教育については、ＪＡ運動の事務局機能としての運営・管理能力や、ＪＡ職員としての基礎的・専門的能力に関するものがあげられる。地域住民・次世代教育については、地域活動を通しての農業・ＪＡの理解者の育成や、次代を担う子ども達への働きかけ、そして、対外広報活動があげられる。

組合員が組織者、運営者、利用者の三位一体的な性格を有し、組合員本位のＪＡを追求することが命題であることは述べるまでもない。したがって、協同組合という組織体における教育活動の主たる対象は前述したとおり組合員である。しかし、現状としてはＪＡ全中・全国連を中核に県中・県連が実施する役員対象の勉強会、職員対象の階層別・職能別・目的別研修会や講習会といった役職員教育が教育活動の中心となっている。これらのことを踏まえるのと同時に、組合員のＪＡ離れが進行している事態を真摯に受けとめると、組合員教育が十分になされているとはいい難い状況にある。

また、准組合員が4割を超えていることに加え、ＪＡと地域は密接不可分の関係にあることから、地域住民の存在は無視することができない。しかし、地域住民に対する教育活動は広報活動が中心で、その内容についても広報ニーズの精査が不十分であったり、地域住民の生生から遊離していたりと、ＪＡの自己完結的なものとなっているものが多く存在している。そして、広報誌の発行についても、組合員向けの広報誌の発行は全ＪＡの9割が実施しているものの、地域住民向けのコミュニティ誌の発行は2割程度の現状にとどまっている。さらに、ホームページを開設・管理しているＪＡは7割に達していない現状にあり、対外的な広報活動は全体的に見て十分とはいえない[4]。

　さらに、次世代教育に関しては、ＪＡは第21・22回ＪＡ全国大会決議を踏まえ、「学童農園の斡旋・管理援助」「バケツ稲作セットの紹介・提供」などの取り組みを行い、子ども達の農業・農村体験を積極的に行っている。しかし、これらの取り組みは一定の評価ができるものの、関係者における意義や認識の共有化がなされていなかったり、体系が曖昧で短絡的かつ一過性の行事になったりしている側面もある。加えて、一方向的な関係に終始し、子ども達の主体性が発揮できていない側面もある。

　組合員や地域住民・次世代の教育活動が活発であれば、組合員の帰属意識も高まり、地域住民などからのＪＡ事業の理解が深まり、ＪＡにとって非常にメリットが大きい。しかし、教育活動の重要性を掲げ、それを認識しているにもかかわらず、現

状としてはその教育活動は活発といえるものではなく、全体的に低調である。つまり、現状は「協同組合運動は教育運動である」が画餅になっているといっても過言ではないのである。

第2節　生涯学習と組合員教育

(1) 生涯学習社会の構築に向けて

　今日のような社会環境の変化が激しい状況の中で、最も重要視しなければならないのは、その社会環境に適応できる能力を維持し、それを高めていく、前述した生涯学習の視点である。しかし、一般的にＪＡにおける組合員教育ではこの点は軽視されている傾向がうかがえる。

　現在では、「生涯学習」という用語は広く国民に認知されるようになってきているが、そもそもは1965（昭和40）年にパリで行われた第3回成人教育推進国際委員会で、ユネスコのラングラン（Lengrand, P.）が提出したワーキングペーパーに遡り、当初は「生涯教育」と紹介された。これが端緒となり、国際的な普及を見せたが、我が国においては表6－1のように波多野が先のワーキングペーパーを翻訳し、1967（昭和42）年に日本ユネスコ国内国際委員会から『新しい社会教育の方向』とした冊子が発刊され、生涯教育の理念が伝えられた。それを契機に、本格的に国内で議論が始まったのが、1981（昭和56）年の中央教育審議会答申「生涯教育について」である。同答申

表6-1　我が国における生涯学習論の歴史的経緯

1965	ラングラン（Lengrand,P.）が生涯教育論を提唱
1967	日本ユネスコ国内国際委員会から「新しい社会教育の方向」の冊子発刊
1968	ハッチンス（Hatchins,R.M.）が『学習社会』（The Learning Society）の発表
1971	社会教育審議会答申「急激な社会構造の変化に対処する教育の在り方について」
1972	中央教育審議会答申「今後における学校教育の総合的な拡充整備のための基本的施策について」 フォール(Faure,E.)が『未来の学習』(Learning to Be)の発表
1973	OECDが「リカレント教育」を強調
1981	中央教育審議会答申「生涯教育について」
1985	第4回ユネスコ国際成人教育会議において『学習権宣言』が発表される 臨時教育審議会第一次答申「教育改革に関する第1次答申」
1986	臨時教育審議会第二次答申「教育改革に関する第2次答申」
1987	臨時教育審議会第三次答申「教育改革に関する第3次答申」 臨時教育審議会第四次（最終）答申「教育改革に関する第4次答申」
1988	文部省社会教育局を生涯学習局に改組
1989	小・中・高等学校学習指導要領の改定
1990	中央教育審議会答申「生涯学習の基盤整備について」 生涯学習振興法の制定
1992	生涯学習審議会答申「今後の社会の動向に対応した生涯学習の振興方策について」
1996	生涯学習審議会答申「地域における生涯学習機会の充実方策について」
1998	生涯学習審議会答申「社会の変化に対応した今後の社会教育行政の在り方について」

資料：有吉・小池［2］、pp.27-38を参考に作成。

は、総合的な文教政策として学習者の自発性を強調した生涯学習の考え方が示されたものである。また、学歴社会から学習社会への転換について提言されたことも特筆すべき点である。

　前述の歴史的経緯を踏まえると、生涯学習社会の構築が喫緊の課題となっている要因として、次の３点にまとめることができよう。

　第１に、学校教育中心の教育体制への反省と限界があげられる。また、学歴主義社会の弊害の是正が叫ばれていることである。第２に、経済的・時間的余裕の創出、高齢化の進行とライフサイクルの変化など、社会の成熟化に伴い、人びとの学習需要が拡大化・高度化・多様化していることである。第３に、グローバル化やIT化、科学技術の急速な進展、人びとの価値観の多様化など社会環境が大きく変化しており、知識が容易に陳腐化するとともに、従来身につけてきた知識や既存の知識だけでは対応困難となる場面が多く現出してきていることである。これはドラッカー（Drucker, P.F.）がいう所の「知識社会」[5]とも軌を一にしているものといえる。

　生涯学習社会は、換言するならば、人びとの多様な学習需要に的確に対応し、学習機会を提供していくことに加え、既存の知識や技術を受動的に学ぶだけではなく、新たな知識の創造・学習が求められる社会なのである。つまり、ＪＡとしても生涯学習社会の構築に向けて、一部の組合員や役職員に限定されたＪＡ内部での完結型教育にとどまるのではなく、広い視野に立った組合員の学習需要に対応した学習機会を提供しなけ

ればならないのである。さもなければ、組織構成員である組合員の自己実現の達成は抑制され、自律的な組合員の育成を図ることが困難になり、組合員のＪＡ離れに拍車をかけることにもなる。また、地域社会の維持・発展のためにも、「開かれたＪＡ」として地域住民や次世代に対して学習機会を提供していかなければならない。

(2) 生涯学習支援と民間機関

　1990（平成2）年の中央教育審議会答申では、「民間教育事業については、今後も、多様な学習需要に柔軟に対応しつつ、創意ある充実した学習機会を提供して発展することが期待されている。国及び地方公共団体は、民間教育事業者の自主性を尊重し、それぞれの自由な発展にゆだねることを基本としつつ、事業の種類や実態も考慮し、必要に応じて間接的な支援を行うことが望ましい」と行政支援を明文化した。つまり、多様化した学習機会が増加してきた背景を受け、行政が生涯学習振興の観点から民間教育事業に生涯学習支援という形で支援することになったのである。

　学習機会を提供するのは、大きく2つに分類することができる。1つ目は行政であり、2つ目は民間の機関である。この民間の機関を大別すると、個人教室や学習塾、カルチャーセンターなどの営利目的のものと、地縁団体や職能団体、NPO法人などの非営利目的のものに分けることができる。

　民間の教育文化事業として定着しているカルチャーセンター

の系譜は3つの流れがある[6]。1つ目は専業者が開始したもの、2つ目は新聞・放送事業者の講演や講座から発展したもの、3つ目はデパートの文化教室や趣味教室から発展したものである。学習内容は多岐にわたるが、趣味的なものが多く、「現代的な生涯学習の課題である人権、環境、福祉、消費者問題などの内容が少なく、また、比較的高学歴者、高所得者、都市部の市民に偏りがちである」との指摘もある[7]。しかし、行政が提供するものは硬直化した学習内容であったり、市町村単位という地理的に限定されて実施されたりしている現状にある。その点カルチャーセンターは、学習機会を内容的にも地理的にも広げ、多様な学習機会を提供し、学習者のニーズに良質なサービスで応えている意味で、学習者だけではなく行政からも一定の評価を得ているのである。

　一方、営利目的ではない民間非営利機関については、さまざまな形態のものが存在している。例えば町内会や婦人会などの地縁団体、職業組合などの職能団体、NPO法人を含む非営利組織である。特徴としては、行政主体の生涯学習が普及する以前から生涯学習の機会を提供してきた点や、行政と市場の支配から自由である点が指摘できる[8]。これらは、地域社会と非常に近い存在で接点も多く、行政にとっても歓迎すべき組織・団体である。また、無償あるいは実費のみの徴収であるために、学習者も自発的・積極的に参加しやすいといったこともあげられる。そして、行政からの指導や援助を受けていないものも多く存在することや、利潤追求といった形で学習機会が提供され

ないことから、行政や市場からある程度の距離があるために基本的に自由で柔軟なスタンスを取ることができるのも大きな特徴である。そのようなことから、民間非営利機関はこれからも現代社会において重要な位置づけにあり、生涯学習社会の構築に寄与することが期待される。

そのような意味でＪＡは、組合員個別および相互の利益を目指すという性格上、民間非営利機関に分類することができよう。そのため、企画・運営に関しても柔軟に組合員のニーズに対応できる。しかし、一般的にＪＡにおける組合員教育の現状は、役職員主導で企画・運営され、組合員は受動的な存在となっている。しかし、本来的には組合員教育は組合員が受動的に学ぶのではなく、自ら主体的・能動的に学習活動が行えるものでなければならない。なぜなら、組合員教育を継続的な活動にしなければならないということに加え、それを通じて自律的な組合員の育成を図られねばならないからである。そのためには、行政や市場に縛られない特徴を生かしつつ、組合員の学習動機を高め、多様な学習機会を提供していくような組合員教育活動、そして地域住民・次世代を巻き込んだ教育活動を展開していくことが極めて重要になってくる。

(3) 学習動機

意欲ややる気は「動機づけ（motivation）」と呼ばれるが、その研究については、心理学や社会心理学の分野を中心としたさまざまなアプローチがある。その中でも、最も古典的なもの

にマズロー[9]の欲求階層説がある。欲求階層説は、さまざまな欲求を5つの段階に階層的に分け、低次のものから高次のものへと至り、最終的に自己実現を目指すというものである。現代社会においては、低次の欲求はほぼ満たされており、高次の自己実現を求めているといえる。その証左として、多くの人びとが先に述べたカルチャーセンターや自己啓発関連のセミナーに通っていることがあげられよう。しかし、一般的にJAにおける組合員教育活動は、自己実現が達成できるような活動とはなっていない。それには、次のような要因が考えられる。

第1に、時間・場所・内容の制約があり、必ずしも学習機会に富んでいないことである。多くのJAでは、JA側の都合を優先させるような時間帯に設定し、参加が困難な場合が多い。また、内容も非常に限定的で乏しい。第2に、組合員の多様なニーズを、学習行動に転化できる仕組みが存在していないことである。組合員の顕在化しているニーズを的確に把握し、それに応える体制が整備されておらず、組合員にとっても役職員にとっても有用な機会を逃している状況にある。第3に、組合員の潜在的なニーズが汲み上げられておらず、組合員のニーズが満たされているとはいえない状況にあることである。役職員は、組合員本位のJAを追求することを怠っており、現状維持に努めている。

これらのことにより、総じて組合員の動機づけは低いといえるが、現代社会において生涯学習社会の構築が喫緊の課題となっていることを考慮すると、その大前提として組合員の学習

動機を高めるように役職員は働きかけていかなければならない。その学習動機は、先述したように外発的動機づけと内発的動機づけに一般的には区分されている。ＪＡにおける組合員教育活動の現状は、農業経営に関する実務的な内容のものが多く見受けられ、手段としての学習である。そして、役職員からの参加への要請や、他の組合員との地縁や部会などの人的なつながりによって参加している場合が多く、半ば強制的な意味合いを含んでいる場合も見受けられる。これらのことを踏まえると、学習自体を目的とする内発的動機づけが強い教育活動となっていないと判断される。しかし、外発的動機づけと内発的動機づけは対立したものではなく、先述したライアン（Ryan, R. M.）の理論からもわかるように、外発的動機づけは内発的動機づけへと連続的に移行する。このことから、内発的動機づけの強い教育活動を展開することも重要ではあるが、ある程度役職員先導型の外発的な動機づけによる学習動機も無視することはできないのである。

第3節　事例分析

(1) 事例の概要

1) ＪＡ北信州みゆきの「女性大学」

　ＪＡ北信州みゆきのＪＡ女性部は2004（平成16）年度現在1,680名で、20～30歳代は30％と低く、ＪＡ女性部の高齢化

と女性部員の減少の問題が顕在化している。そこで、リーダーの育成やＪＡ女性部同士の交流、ＪＡとの接点の場づくり、男女共同参画社会の構築という目的で2001（平成13）年10月より「女性大学」が開講された。対象は、ＪＡ女性部以外の地域住民も含めた概ね40歳までとし、期間は1期2年、予算は80万円とした。

　同ＪＡ総合対策部地域振興課生活指導係が事務局となって、ＪＡ女性部（正副部長2名）、女性参与（4名）、事務局（4名）、組合長（1名）から構成される女性大学運営委員会で企画・運営を行っている。なお、第2期の女性大学運営委員会からは第1期卒業・修了者（班長4名）が運営委員会に加わった。カリキュラムについては、事務局が検討・作成し、運営委員会で調整・承認され、決定される。その内容は、表6－2のように農業や食に限定された内容ではなく、健康、家族、文化など幅広いものとなっている。

　広報・募集活動については、全戸訪問を中心に新聞折り込みや広報誌で行った。募集定員は80名であったが、第1期（2001.10〜2003.9）では100名、第2期（2003.10〜2005.9）では95名が参加した。2年間で50時間以上参加が卒業、1年間で15時間以上参加が修了という規定に則って、第1期は26名が卒業、30名が修了となった。第2期目からは第1期目の反省を生かし、準備を参加者自身が担当したり、正副班長制度を設けてグループ学習をするなど、参加者自らが問題点を見つけ出し、さまざまな工夫を行った。

表6－2　ＪＡ北信州みゆきの「女性大学」のカリキュラム
（第2期1年次：平成15年～16年）

月日・時間	カリキュラム
10月18日（土）	地域とＪＡの人づくり・組織づくり
11月 2日（日）	「いつも何かにときめいて」
	クッキング・フェスタ
11月20日（金）	食品表示を正しく読み取る
12月19日（金）	フラワーアレンジメント
1月23日（金）	ライフプラン実現に向けて
2月17日（火）	安全な農産物と食品の選び方
3月 6日（土）	明るい地域づくりと仲間づくり
3月21日（日）・22日（月）	地元大豆でおいしい手作り豆腐づくり
4月20日（火）	北信濃の歴史散策とウォーキング
5月13日（木）	上手な話し方
6月 3日（木）	りんごの摘果作業体験
7月 8日（木）	オリジナル絵手紙で暑中見舞いを書こう
7月23日（金）	今時の子供の心理と子育て
8月 5日（木）	夏の野菜をおいしく食べよう
9月10日（金）	森の中のクラシック鑑賞会

資料：女性大学受講生募集用紙より抜粋。

　2003（平成15）年10月からは、第1期の卒業者と修了者44名で自主的にOB会（「和み会」）が組織された。そして、さらに学びたいとの声があがり、食と農、福祉、生活設計の3つのコースを設けた「専門コース」が開始された。事務局がアドバイザーとして協議に加わっているものの、カリキュラム内容をはじめとした年間計画を卒業者・修了者のメンバーで決めている。材料費などの実費は徴収しているが、講師への謝礼はＪＡが負担している。なお、親睦を深めるための食事会や、フリーマーケットも行っている。

2）ＪＡはだのの「協同組合講座」

　ＪＡはだのは、かつて葉たばこの産地として知られた神奈川県西部に位置している。2004（平成16）年度の組合員数は6,677名（うち准組合員数4,086名）で、主要品目はイチゴ、キュウリ、カーネーション、バラ、ミカンなどである。

　同ＪＡの組合員教育活動の歴史は長く、1982（昭和57）年２月から「組合員教育特別積立金」として毎年２千万円ずつを積み立て、その一部で組合員教育事業が開始された（現在では、運用益の一部も活用している）。組合員教育事業の柱は、研修会・視察研修、文化講演会、協同組合講座の３つである。

　研修会では、組織リーダーの育成と組織の活性化のために、外部研修として系統組織（例えば県農協中央会や家の光協会）などで開催される専門研修に派遣している。視察研修については国内と海外で実施している。国内研修では、協同組合運動やＪＡ事業の優良事例の視察研修を実施している。海外研修では、1987（昭和62）年からアジアとの共生、アジア諸国の農業・農協・文化などについての見識を深めるために、タイ・韓国・中国・台湾への海外農業事情視察を実施している。文化講演会では、「文化のないところには人は集まらない」と掲げ、組合員だけではなく、地域に開かれた形でＪＡ事業や活動を紹介し、1993（平成５）年から市民参加型で実施している。講師には、文化人や各界の著名人を招いている。

　主たる組合員教育活動である協同組合講座は、時代に即した人材育成を図ることを目指しており、「組合員講座」と「専修

講座」の2つから成っている。

　組合員講座は、5月から翌年1月の間で実施されている。現在では60人の定員で、開講式と閉講式を含めて年9回開催されているが、途中から税金・農政・法律コース（夜間）と健康・文化・環境コース（昼間）に分けて実施している。また、それらの内容に関連した視察研修も含まれている。そして、半分以上受講した組合員には修了証が付与される。カリキュラムの内容は、表6-3のようになっており、その作成については、理事（2名）・生産組合（2名）・青年部（2名）・女性部（2名）・学識経験者（2名）・市役所（1名）・県普及センター（1名）から構成される対策委員会で事前に協議・検討されている。そして、前年度の反省などにより、ある程度の組合員のニーズも反映されている。

　専修講座は、組合員講座修了者のうち、さらに深く学びたい組合員希望者（約30～40名）を対象に実施されており、期間は2年間となっている。カリキュラムの内容は、表6-4のように実務的なものや生活に関することが中心であり、基本的に事前に受講希望者の打ち合わせ会で決まったものを役職員が調整して実施している。

(2) 成功要因
　1）組織文化の醸成
　ここでは、JA北信州みゆきの「女性大学」が「専門コース」へ、JAはだのの「組合員講座」が「専修講座」へと発展的に

第Ⅵ章　農業協同組合における教育活動のあり方　*153*

表6-3　ＪＡはだのの「組合員講座」のカリキュラム（平成16年度）

	カリキュラム	
開講式（5月）	開講式　「生涯学習のすすめ」　協同組合と学習活動	
第1回（6月）	「ＪＡはだのの仕組み」	
第2回（7月）	「組織リーダーの心得と役割」	
	〈税金・農政・法律コース〉	〈健康・文化・環境コース〉
第3回（8月）	「相続と遺言について」	「生活習慣病について」
第4回（9月）	視察研修	視察研修
第5回（10月）	「我が国を取り巻く農政情報」	「秦野市のごみの現状と今後の課題」
第6回（12月）	「確定申告について」	「秦野市に伝わる伝統行事」
講演会（9月）	文化講演会（市民参加）「人生のデザイナー」	
閉講式（1月）	閉講式　国内優良事例の視察研修会（2月）	

資料：運営委員会資料より抜粋。

表6-4　ＪＡはだのの「専修講座」のカリキュラム（平成15・16年度）

2003年カリキュラム	開講式（5月）	開講式　「いのちと暮らしと文化の拠点づくり」
^	第1回（6月）	「ＪＡ事業内容と今後の取り組み」
^	第2回（7月）	視察研修
^	第3回（8月）	「相続1回目」
^	第4回（9月）	「相続2回目」
^	第5回（10月）	「生活習慣病」
^	第6回（12月）	「秦野のかたりべ・秦野ことば・秦野の昔話」
^	講演会（10月）	文化講演会（市民参加）「ムツゴロウ大いに語る」
2004年カリキュラム	開講式（5月）	開講式　「生涯学習のすすめ」　協同組合と学習活動
^	第7回（6月）	「介護保険の仕組み」
^	第8回（7月）	「健康保険の仕組み・医療制度」
^	第9回（8月）	視察研修
^	第10回（9月）	「安心・安全な農産物を目指して」
^	第11回（10月）	「節税について」
^	第12回（12月）	「年金の基礎知識」
^	講演会（9月）	文化講演会（市民参加）「人生のデザイナー」

資料：運営委員会資料より抜粋。

展開した経緯と、組合員の動機づけを高めるための役職員のあり方について、伊丹[10]の「場のマネジメント」の理論を援用しながら考察する。

　伊丹によれば、場は「人びとが参加し、意識・無意識のうちに相互に観察し、コミュニケーションを行い、相互に理解し、相互に働きかけ合い、共通の体験をする、その状況の枠組み」である「情報相互作用の容れもの」としている[11]。そして、組織の中に場を生み出し、機能させていくことによって組織を経営しようとするのが場のマネジメントである。場のマネジメントは、経営サイドが他律的に場を設定するものとメンバーが自律的に場を創発する「生成のマネジメント」と、その後、その場のかじ取り（統御）をする「プロセスのマネジメント」の2つに分けることができる[12]。

　場が生成するプロセスは、場の萌芽段階と、その萌芽が育って場の機能を果たすまでになる成立段階に分かれる。そして、2つの段階のそれぞれで経営による他律的な設定と、メンバーによる自律的な創発という2つのケースが考えられる。それを組み合わせて分類したのが表6-5である。また、女性大学と専門コース、組合員講座と専修講座の場が生成するプロセスを図示すると図6-1のようになる。

　女性大学は、ＪＡ女性部の高齢化と女性部員の減少問題の顕在化、男女共同参画社会の構築ということで役職員によって萌芽の設定がされた。組合員講座は、組合員教育事業の重要性を明示し、特別積立金を積み立てることで役職員によって萌芽の

第Ⅵ章　農業協同組合における教育活動のあり方　155

設定がされた。そして、両者ともに役職員が主導的役割を果たす中で企画し、成立の設定が行われた。つまり、「設計される場」である。

両者に共通することはそれだけではない。それは、一方向的な学習機会が提供された「設計される場」という他律的段階で

表6-5　場の生成の4つのタイプ

		成　立	
		設　定	創　発
萌芽	設　定	設計される場	開花する場
	創　発	育成される場	自成する場

資料：伊丹［1］、p.144より引用。

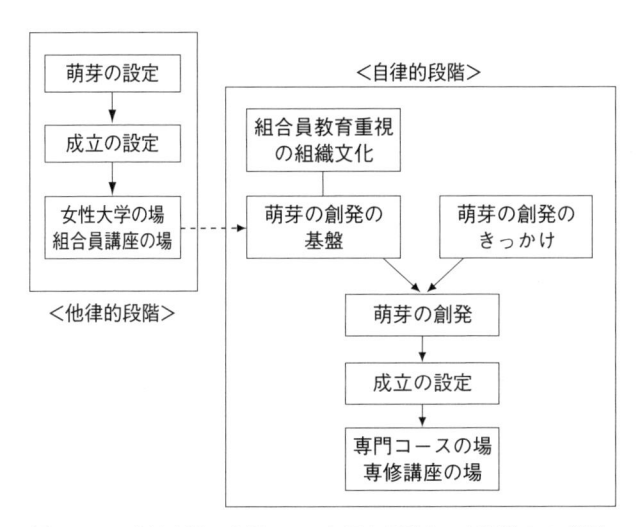

図6-1　女性大学・専門コースと組合員講座・専修講座の「場」
　　資料：伊丹［1］、p.169の図を加筆・修正して作成。

完結するのではなく、専門コースや専修講座という組合員の学習動機が高まって萌芽の創発が起き、役職員によって成立の設定が行われた「育成される場」という自律的段階へと発展したことである。

　組合員教育の場としては、組合員の意思が反映されている「創発」の要素が入った方が組合員の動機づけが高まり、イニシアティブが発揮されやすい。つまり、役職員は組合員が積極的にコミュニケーションをとることができる機会・空間・雰囲気づくりによって萌芽の設定を行い、共通理解・認識や潜在的なニーズの発見などが起きて場が創発的に成立していく「開花する場」、そして、組合員の意思やニーズによって萌芽の創発が起き、意図的に教育活動の場を設定し成立させる「育成される場」の2つが望ましいのである。

　以上より、組合員の動機づけを高めるための場に生成していくには、組合員が情報的相互作用に参加する意思を持つことができ、意思表明できる環境整備をすることである。そのために役職員は、萌芽の創発の基盤ときっかけづくりを行っていく必要がある。運営委員会や対策委員会の協議の中で、組合員の積極的な不満や要望などが出されたことをきっかけとして萌芽の創発が起きたこともさることながら、組合員教育重視の組織文化が新たな場の創発の基盤となったことは特筆に値する。

　組織文化は、非常に定義しがたく暗黙的でソフトなものであり、また、自然発生的ともいえる形で醸成されるものである。1982（昭和57）年に刊行された『エクセレント・カンパニー』

でも組織の持つ固有の文化に着目し、組織文化が組織に与える影響の重要性を指摘している。佐藤[13]らは組織文化を「個々の組織における観念的・象徴的な意味のシステム」と定義し、組織構成員の自己規定をする座標軸として用いられ、構造的な要因以上に重要な意味を持っていると指摘している。つまり、組織文化は組織構成員の意思決定や行動に深いレベルで、大きな影響を与えるものなのである。

　ＪＡ北信州みゆきの場合、組合長（当時）が1999（平成11）年に就任してからＪＡの土壌づくり（組織変革）を推進するため、経済事業で得た利益の一部を組合員に還元し、ＪＡ運動の１つとして2001（平成13）年のあぐりスクール、2002（平成14）年の女性大学の実施を開始した。女性大学を実施するにあたり、講座を土曜・日曜・夜という家事や育児で多忙な時間帯に設定するのではなく、比較的参加しやすい平日午後に設定し、さらに託児所（ＪＡ事務所３階）を無料で開設した。また、一般的に農村といういわゆる閉鎖的な側面を持った地域は、お世辞にも男女共同参画社会が実現しているとはいえず、嫁いできた女性が家を空けて講演や講座に参加するということが憚られる場合が多いが、管内での年配者へのヒアリング調査では、女性大学への参加は容認・推奨される意見が多かった。

　ＪＡはだのでは、1982（昭和57）年２月16日の理事会「第107号議案」に「経済の急激な変化と、組合員の多様化によって従来の教育活動だけでは将来的な問題解決は困難であり、今後予想されるきびしい農協経営環境とを考え合わせると、

新時代に即応した教育学習を行う必要がある」と組合員教育事業の重要性が記されており、同年から余剰金を「組合員教育特別積立金」として毎年2千万円ずつ積み立て、17年間で3億5千万円となった。積み立てを開始した翌年より、積立金の一部で組合員教育事業が開始された。

両JAでは、「創発」を促進するための経営努力、すなわち学習活動の促進・奨励という環境が整備されるという組織文化が醸成され、それを役職員だけではなく組合員が暗黙的に了解している。その結果、女性大学が専門コースの場へ、組合員講座が専修講座の場へという他律的段階から自律的段階へと発展し、それらが組合員にとってまさに生涯学習の場となっている。もちろん、組織文化が既存のフレームワークから脱することを受容できず、諸刃の刃となり、変革の足かせとなる場合も少なくない。それは前述したように、組織文化は暗黙的でソフトなものだからである。したがって、リーダーシップを発揮する組合長は、組織文化の醸成には十分留意することも忘れてはならない。

2）ファシリテーターとしての役職員

JAにおける組合員教育活動は、その大半が萌芽と成立の設定（「設計される場」）を役職員が行い、その後もあらゆる面において役職員主導によって管理・展開され、形骸化と硬直化が著しい状況にある。その結果として、組合員の自律性が抑圧される。したがって、役職員は場が生成した後、組合員がイニシアティブを十分に発揮できるよう、また、組合員本位のJAと

して機能するように働きかけていかなければならない。つまり、場のかじ取り（統御）を適切に行う必要がある。両事例の場合、役職員が場のかじ取り役としてうまく機能している。

　伊丹は組織の経営のプロセスでは、刺激、方向づけ、束ねの3つの基本的な経営的働きかけが重要であることを指摘し、かじ取りの経営行動として次の5つのステップにまとめた[14]。

　第1に、これまでの秩序や均衡を壊し、新しい秩序へと向かうようなきっかけをつくる、「かき回す」段階である。第2に、新たな土壌の中で、かき回された人びとの言動から価値のあるものを取り上げる、「切れ端を拾い上げる」段階である。第3に、拾い上げたいくつかの切れ端をまとめ、何らかの方向性を示す、「道をつける」段階である。第4に、かき回された人びとが集団で同じ方向に動くように導く、「流れをつくる」段階である。そして、第5に、一定の秩序が生まれたことを確認し、行動へ移すために行う、「留めを打つ」段階である。

　両事例の場合、第1の「かき回す」については、運営委員会や対策委員会のメンバーが協議の中で、既存の組合員教育の取り組みがマンネリ化していることへの疑問などを、意識的または無意識的に提示したことである。それにより、組合員の中に培われた固定観念にゆらぎを与え、それらの先行的な暗黙の枠を取り払うことができた。第2の「切れ端を拾い上げる」については、運営委員会や対策委員会の協議の中や、総会や座談会などのフォーマルな会合、組合員同士がコミュニケーションをとるインフォーマルな機会の中で、組合員の表出した意見や思

いなどの価値あるものに役職員が気づき、それを拾い上げ、ＪＡとしての進むべき方向を示唆したことである。第３の「道をつける」については、価値ある組合員の類似の意見や思いなどを整理し、運営委員会や対策委員会が協議の中で新たな取り組みの提案をし、組合員に萌芽の創発のきっかけを与えたことである。第４の「流れをつくる」については、役職員が組合員教育の重要性を顕示し、さまざまな行事・業務などの機会や広報活動を通じて、組合員同士が認識を共有するように情報を発信し続ける環境を作ったことである。第５の「留めを打つ」については、役職員がそれまでの議論に終止符を打つことによって、統合された秩序を組合員が確認し、新たな組合員教育活動を実施することを明確にし、成立の設定を行ったことである。

　今まで、役員は適切なリーダーシップを発揮し、経営責任者つまりリーダー（leader：指導者）として、職員はＪＡ運動の事務局機能、つまりオルガナイザー（organizer：組織者）、インストラクター（instructor：技能指導者）、コーディネーター（coordinator：調整者）、アドバイザー（adviser：助言者）、プランナー（planner：企画者）としての役割がことさら強調されてきた。もちろん、それらの必要性を否定することはできない。しかし近年、役職員は組合員を顧客として扱い、顧客満足度を組合員満足度と同義に扱っており、一方の組合員もＪＡ運営に積極的参画をせず、役職員に委任する状態にある。このような役職員と組合員の機械的関係が、組合員の顧客化を加速度的に進め、自律性の育成を抑制し、阻害しているのである。

このような状況を打破するには、役職員と組合員とが向かい合うのではなく、同じ方向に向かって「協働」することが重要であり、役職員は組合員の情報的相互作用を促進し、自律性が育めるような場のかじ取りをしなければならない。そのためには、役職員が従来の「管理」型役職員から「支援」型役職員へと、その担うべき役割を変更する必要がある。つまり、協働を促進する「ファシリテーション（facilitation）」という概念が必要なのである。

　そのファシリテーションとは、「あらゆる知識創造活動を支援し促進していく働き」[15]のことである。換言するならば、「Plan-Do-Check-Action」のプロセスを支援し、促進するのがファシリテーションなのである。そして、それを担うのがファシリテーター（facilitator：協働促進者・共創支援者）なのである。

　ファシリテーターの役割は、次の２つに大別することができる。第１に、コミュニケーションの場を創出し、組織構成員が信頼関係を築くことを支援することである。第２に、組織構成員の個々のさまざまな意見や意思をまとめ、論理的な課題の発見と創造的な課題の解決を支援することである。ＪＡの教育活動が形骸化し、生涯学習社会の構築が叫ばれている現在、組合員教育において役職員は、准組合員の増加や組合員のニーズや価値観・学習需要の多様化などを十分に考慮しなければならない。そして、組合員の学習動機を高め、自律的組合員の育成を図るために、役職員はファシリテーターとしての役割を担うことが求められる。

両事例の場合、運営委員会や対策委員会に組合員が参画し、基本的な意思決定は組合員が行い、役職員は関係性や過程といったプロセスのみにイニシアティブを発揮しており、その結果として組合員の知的相互作用を促進し、主体性や自律性、当事者意識を育んでいる。

(3) 教育活動の「場」として

本章では、ＪＡの教育活動について生涯学習という観点から考察した。そして、ＪＡにおける教育活動は自律的組合員の育成と地域社会の形成、維持・発展のために欠かすことのできないものであることが明らかとなった。

第1に、役職員だけではなく組合員も含め、すべての組織構成員がＪＡ全体としてビジョンの共有をすることである。組織のトップがビジョンを明示するという説明責任を果たし、組織構成員に共有され、そして、動機づけを高め、コミットメントを引き出す相互補完的な創造プロセスを経ることにより、ベクトルが1つの方向に向うのである。

第2に、組合員の学習意欲を喚起し、イニシアティブを発揮できるような組合員教育活動にするために、積極的に萌芽の創発の基盤づくり、つまり、ＪＡでは組合員教育が重要であるという組織文化の醸成をすることである。他律的段階から自律的段階へと発展させるためにも、また、組合員の自主性を尊重し、自発的学習を支援できるような体制を構築するためにも、学習活動の促進・奨励という環境を整備しなければならない。

第Ⅵ章　農業協同組合における教育活動のあり方　163

　第３に、役職員はファシリテーターとして適切なかじ取り（統御）を行い、組合員の情報的相互作用を促進し、自律性が育まれるように、「管理」型から「支援」型の組合員教育を展開することである。役職員主導の組合員教育ではなく、役職員は組合員が多様な集団であるということ、そして、組合員や地域住民のニーズ・価値観や学習需要の多様化などを十分に考慮したうえで、学習意欲を喚起する教育活動を展開していく必要がある。

　ＪＡの教育活動は、図６－２のように第Ⅰ章で述べた「ビジョンの共有」、本章の「組織文化の醸成」「ファシリテーターとしての役職員」の３つのファクターが場を円滑に機能させる

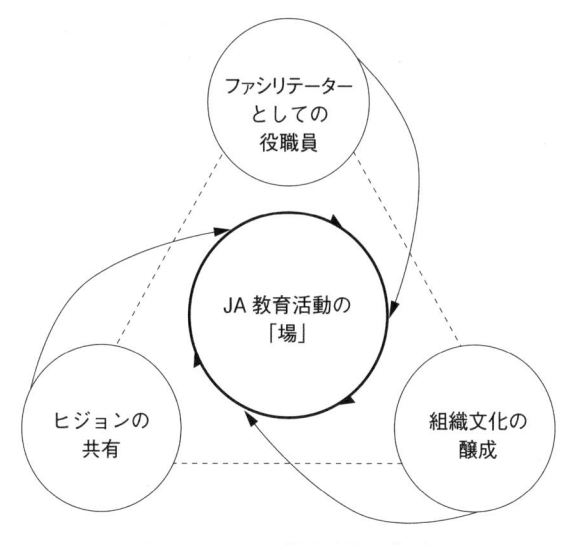

図６－２　ＪＡ教育活動の「場」

ために重要なのである。これらのファクターはそれぞれ独立したものではなく、それぞれが補完的に協調していくことで相乗効果が生まれる。そして、これらはＪＡの教育活動においてだけではなく、生涯学習社会におけるＪＡにも欠かすことのできないファクターであり、役職員はそこの点を十分に考慮しつつ教育活動を展開していかなければならない。

　ＪＡにおける教育活動は生涯学習社会という大局的見地に立ちながらも、ＪＡの教育活動であるという立場を強固に守るという２つの座標軸で考えていかなければならない。そのことを通じて、生涯学習社会でのＪＡの存在意義・社会的使命が明確となるのである。

注
1)　北川［3］、pp.438-439 を参照のこと。
2)　藤澤［8］、p.57 を参照のこと。
3)　坂野［4］、pp.39-40 を参照のこと。
4)　全国農業協同組合中央会「第23回ＪＡ全国大会決議に係る実践状況調査」『月刊ＪＡ』、11月号、2004 を参照のこと。
5)　ドラッカー［7］、pp.29-33、pp.49-95 を参照のこと。
6)　全国民間カルチャー事業協議会『民間カルチャー事業白書』、1989 を参照のこと。
7)　井上［2］、pp.92-94 を参照のこと。
8)　坂口緑［5］、pp.65-74 を参照のこと。
9)　マズロー［10］、pp.55-90 を参照のこと。なお、欲求階層説の5つの段階とは、生理的欲求、安全欲求、社会的欲求、尊厳欲求、自己実現欲求である。
10)　伊丹［1］を参照のこと。

11)　伊丹［1］、p.23 を参照のこと。
12)　伊丹［1］、pp.103-107 を参照のこと。
13)　佐藤・山田［6］、pp.17-138 を参照のこと。
14)　伊丹［1］、pp.186-210 を参照のこと。
15)　堀［9］、p.21 を参照のこと。

参考文献
［1］　伊丹敬之『場のマネジメント―経営の新パラダイム―』、ＮＴＴ出版、2003
［2］　井上豊久「生涯学習と民間機関」有吉秀樹・小池源吾編『生涯学習の基礎と展開』、コレール社、2001
［3］　北川太一「農協教育活動展開の論理と戦略」藤谷築次編『日本農業の現代的課題』、家の光協会、1998
［4］　坂野百合勝『農協運動と組合員教育活動』、日本経済評論社、1981
［5］　坂口緑「生涯学習支援に関する民間非営利機関・団体の役割」鈴木眞理・津田英二編『生涯学習の支援論』、学文社、2003
［6］　佐藤郁哉・山田真茂留『制度と文化　組織を動かす見えない力』、日本経済新聞社、2004
［7］　ドラッカー著・上田惇生他訳『ポスト資本主義社会』、ダイヤモンド社、1993
［8］　藤澤光治「協同組合教育の根本問題」『協同組合研究』、第19巻、第2号、1999
［9］　堀公俊『ファシリテーション入門』、日本経済新聞社、2004
［10］　マズロー著・小口忠彦監訳『人間性の心理学―モチベーションとパーソナリティ―』、産業能率短期大学出版部、1987

終章　結論

第1節　各章の要約

　本研究の課題は、生涯学習社会の構築が国民的課題となっていることを踏まえ、その生涯学習社会での農業教育のあるべき姿を考究することにあった。

　生涯学習は、学校・職場・地域社会などで行われるすべての学習として捉えられているが、農業教育という領域でどのように展開していくかを検討していかなければならない。そこで本研究では、地域における農業・農村体験学習のあり方、専門高校としての農業高校のあり方、農業者の組織である農業協同組合の組合員の教育活動のあり方の検討を進めることにした。

　このような課題に対して、6つの章によってアプローチした。各章の内容を要約すれば、以下の通りである。

　第Ⅰ章「地域における農業・農村体験学習のあり方」では、小・中学生を対象とした地域で展開されている農業・農村体験

学習に焦点をあて、生涯学習の場として成立している要因を明らかにした。

まず、小・中学校における農業・農村体験学習は、生きる力の育成のために教科横断的・総合的な学習の推進や体験的な学習の機会を積極的に位置づける科目「総合的な学習の時間」が創設されたこと、農業理解と食料自給率の向上を図るための農業体験が推進されていること、という文教政策と農業政策の2側面があることを指摘した。

次に、農業協同組合が青少年に対する教育活動を積極的に展開している現状を踏まえ、小・中学校のような教育機関における農業・農村体験学習の展開には限界があるものの、農業協同組合においては自身が有するハードとソフトの両面により、優位に展開できることを指摘した。さらに、その取り組みを児童・青少年期という発達段階における、学校教育や家庭教育とは異なった水平的・空間的次元での教育という視点で考察した。その結果、地域社会における他者との交流やさまざまな体験を通しての多くの人びととの関わりが、子ども達の育成に大きな影響を与えること、そして、農業という地域の個性を色濃く反映した産業は地域社会と非常に密接したものであるがゆえ、非常に優位に農業・農村体験学習を展開することが可能となり、それが地域教育力の向上につながることを指摘した。

これらを踏まえて、生涯学習社会における地域教育という観点から農業・農村体験学習の展開方法を明らかにするために、ＪＡ北信州みゆきの「あぐりスクール」を事例として分析した。

そして、①幅広いカリキュラム内容、②地域との有機的関係、③学習環境の整備、④ビジョンの共有、が非常に重要であることを指摘した。

第Ⅱ章「農業高校における一般教育としての農業教育のあり方」では、農業の教材化が進展する中で、食農教育の拠点として展開する方途を明らかにした。

まず、農業高校における食農教育の展開の可能性として、多様な生徒が入学している実態を踏まえ、体験学習の重要性が強調されている科目「総合的な学習の時間」の生涯学習としての位置づけと、体験学習に重点を置いている農業高校の特徴を指摘した。

次に、農業高校における「プロジェクト学習」「栽培学習」「総合実習」「指導する側に立つ農業高校生」の4つの実践事例と、農業高校生の「農業」に対するアンケート調査の結果から、体験的な学習としての農業教育の意義を指摘した。また、岡山県立高松農業高等学校の「自然養鶏」の事例から生徒の価値意識に着目し、食農教育の教育的効果を明らかにした。

これらを踏まえて、農業高校は①実習や体験学習を重視しており、問題解決型学習のノウハウを持っている、②単なる体験教育の場ではなく、体験と知識とが実践的・有機的に結合することができる、③科目「総合的な学習の時間」で活用できる材料がある、④地域社会性という基盤を有した学校である、ことを明らかにし、それらを踏まえて「食農教育の拠点」としてその存在意義をアピールすべきであることを指摘した。

第Ⅲ章「農業高校における職業教育のあり方—新日本版デュアルシステムの提案—」では、農業高校の職業教育施設として、生涯学習の視点で今後の後期中等教育段階での職業教育を展開する方途を明らかにした。

まず、農業高校の歴史を振り返りながら農業高校の現状を把握した。そして、その現状や各種答申から職業教育は高等学校段階で完結するものではなく、卒業後の教育機関や職場などでの継続した教育を受けるための職業教育施設として生涯学習との関係性を指摘した。

次に、今日の新規就農者の推移と多様化している就農ルートを概観しつつ、農業高校のSemi-OJT（模擬的実施訓練）において職業的スキルの形成には限界があることを指摘した。そして、高校段階で職業教育として展開されている「インターンシップ」「デュアルシステム」「日本版デュアルシステム」の特徴を指摘した。

これらを踏まえて、職業人育成に一定の成果をあげている岡山県立高松農業高等学校の「現場実習」の事例から、「新日本版デュアルシステム」を提案した。そこでは、①農業を大局的に捉え、継続教育機関との連携を図るために普通科目の幅を拡大し教養の強化に努めること、②産業界での実践的実習は、原則として実際的・体験的学習を行う科目「総合実習」で実施し、それを教育課程上に明確に位置づけること、③産業界における実践的実習の評価に関して、恒常的な教育システムとして確立する必要があること、を指摘した。

第Ⅳ章「農業高校における職業教育としての起業家教育」では、起業家教育の職業教育上の有意性を明らかにした。

　まず、近年注目を浴びている「起業家教育」が求められている背景を指摘した。そして、①リスク負担、②失敗のチャンス、③キャリア形成の観点から、高校段階における起業家教育の可能性を指摘した。

　これらを踏まえて、岡山県立高松農業高等学校の「起業家教育プログラム」の事例をもとに、PDCA（Plan-Do-Check-Action）の枠組みに基づいて分析した。そこでは、農業高校における起業家教育が学習の深化だけを目的としたものではなく、社会の状況が大きく変化する中で、農業分野に関する職業教育の原点に立ち返った取り組みであることを指摘した。また、起業家精神を具備した農業経営者を育成する有用なプログラムであり、新しい時代における農業高校に求められるものであることを指摘した。

　第Ⅴ章「ハイパー・メリトクラシー化の中での農業高校のあり方」では、ポスト近代社会に向かう中で農業高校の専門性に着目して、本田由紀氏の見解に対する評価と批判を試みた。

　まず、本田言説における専門性がいかなるものかを要約した。そして、農業高校を始めとする専門高校入学者の実態や意識の調査結果を提示し、入学者と教育内容の矛盾、それがさらに非農家出身者や多様化した生徒の入学を促進し、負の循環が生起したことを指摘した。また、現在の進路指導が専門教育・職業教育を特に意識したものではなくなり、継続的な目標とし

て掲げてきた自立した農業経営者や農業関連産業従事者の育成と、就職を主とした卒業後の進路指導・進路保障の現状が矛盾している関係にあることを明らかにした。

　それを基に、本田言説への問題提起を試みた。第1に、高校教育段階で、即戦力となり得る専門性の獲得は物理的に困難で、学校でどこまで専門性というものに対応でき、育むことができるかという問題があることを指摘した。そして、仮に卓越した専門的な知識や技術を習得したとしても、それが生かされるような雇用システムが存在しておらず、出口の保障が存在しないという問題があることを指摘した。第2に、現実的に産業界や企業側では、能力主義的な選別が行われ、それが普遍的に存在していくため、本田氏のいう能力と産業界や企業側の求めている能力とは本質的に変わらないということを指摘した。また、本田氏のいう専門性は産業界や企業側から本当に求められる専門性なのであるかという問題もあることを指摘した。

　これらを踏まえて、農業高校における専門性の捉え方について試論を展開した。そこでは、「新日本版デュアルシステム」が有効に機能するために、学校教育と産業界の主導的なバランスを考慮する必要があることを指摘した。また、学校と産業界の統一された認識が必要となってくるため、産業界がまとまり、さらに、マイスター制度などの資格制度の創設を指摘した。そして、食農教育の拠点として自然や環境、人間生活の領域も含めた学習を行う一方で、職能教育や起業家教育を実施するような総合的なカリキュラムの再編成が専門高校としての農

業高校に求められることを指摘した。具体的には、農業が成果主義的側面を有している産業的特徴を考慮し、知識やスキルを行動に結びつけていく顕在的な能力であるコンピテンシーを獲得するために、「自分自身の直接経験による学習」に偏ることなく、「他者の観察とモデリング学習」をカリキュラムの中に位置づけることの必要性を指摘した。

第Ⅵ章「農業協同組合における教育活動のあり方」では、農業者で組織されている農業協同組合の組合員教育活動に焦点をあて、多様な学習需要に対応し、自律的組合員の育成の方途について、「場」という観点から検討を進めた。特にここでは、伊丹の場のマネジメントの考え方を援用しながら、役職員の役割の解明を目指した。

まず、農業協同組合の教育活動は役職員教育が教育活動の中心となっており、組合員教育は十分になされているとはいい難い状況であり、「協同組合運動は教育運動である」が画餅になっていることを指摘した。

次に、農業協同組合としても生涯学習社会の構築に向けて、一部の組合員や役職員に限定された農業協同組合内部での完結型教育にとどまるのではなく、行政や市場に縛られない特徴を生かしつつ、広い視野に立った組合員の学習需要に対応した学習機会を提供しなければ、組織構成員である組合員の自己実現の達成は抑制され、自律的な組合員の育成も図ることは困難になることを指摘した。また、地域住民・次世代を巻き込んだ教育活動を展開していくことが極めて重要になってくることも指

摘した。

　これらを踏まえて、農業者で組織されている農業協同組合で、自律的な組合員の育成、地域社会の維持・発展を図るための展開方法を明らかにするために、ＪＡ北信州みゆき「女性大学」とＪＡはだの「協同組合講座」を事例として分析した。そして、組合員の動機づけを高めるための場に生成していくには、①組織のトップが「あるべき姿」を明示し、組織構成員がビジョンを共有できる状態にすること、②役職員は組合員が情報的相互作用に参加する意思を持つことができ、意思表明できる環境整備をするという、組合員教育重視の組織文化の醸成を行うこと、③役職員は組織構成員が信頼関係を築くのを支援し、組織構成員の個々のさまざまな意見や意思をまとめ、論理的な課題の発見と創造的な課題の解決を支援するファシリテーターとしての役割を担うこと、を明らかにした。

第2節　農業教育の展望と残された課題

　本研究が進めてきた農業教育は、生涯学習社会構築の一端を担うものとして幅広くその領域を捉えてきた。第Ⅰ章において、地域教育力向上につながる小・中学生を対象とした農業・農村体験の展開方法について考察した。次に、第Ⅱ章において、農業高校の一般教育的側面の観点から食農教育の拠点としてのあり方を指摘した。また、第Ⅲ章において、職業教育施設として

職業人育成の観点から教育システムのあり方について考察し、第Ⅳ章においては、職業教育における起業家教育の有意性を明らかにした。そして、これら第Ⅱ章から第Ⅳ章までを踏まえ、第Ⅴ章において、ポスト近代化社会に向かう中での農業高校の専門性のあり方について指摘した。さらに、第Ⅵ章において、自律的な農業協同組合の組合員の育成の方途について、役職員のあり方について明らかにした。

以上のように、本研究では地域・農業高校・農業協同組合という3つの領域で、また、農業高校においては一般教育と職業教育の2つの観点から検討を進めてきた。そして、これら3つの領域での強みを生かした実践こそ、農業教育が生涯学習社会構築に寄与する役割を担っているのである。まさに、農業教育が生涯学習として位置づけられてしかるべきものである。ただし、本研究が検討を進めてきた農業教育には、引き続き取り組むべき課題が残されている。ここでは、その具体的な課題として3点を取り上げ、本研究の結びとする。

第1には、人・組織・地域のネットワーク化である。地域住民や支援機関・団体、自治体などの多様な主体に「学び」の考え方が共有されなければ、それぞれの積極的な参画は進まない。そして、地域社会における子ども達への体験の機会不足を補い、また、都市化・過疎化の進行や地域社会の連帯感の希薄化などの打開システムを確立させるには、それを具現化できるネットワーク化が不可欠となる。ネットワーク化は学習機会の創出や提供だけではなく、新たな局面へと発展する可能性があ

り、学習を促進するエネルギー源となり得る。しかし、諸団体間の連携はほとんど見られない状況にある中で、本研究では地域の中で子ども達の生活実態に対応した協業的・組織的な教育活動を推進していく体制づくりの条件について明らかにできていない。この点については、研究を継続することが望まれる。

　第2には、「知」を基盤として構築される社会への移行のために、既存機関とのネットワーク作りを担う人材の育成である。現在、生涯学習の推進を担う人材の育成については、地方公共団体における「生涯学習コーディネーター」「生涯学習ボランティア」などの育成・登録、民間団体による生涯学習人材の育成と認定などがある。しかし、学習からその成果を生かすまでに至る多様なニーズを把握し、支援を行う能力を備えた人材の育成がなされていても、どのような人材がどこにいるのかが十分に認知されていないという現状がある。そこで、地域と密接不可分な農業協同組合が、地域社会の維持・発展を図るために、自らが拡張的学習の獲得を目指し、持続可能な形としてネットワーク作りを担う人材の育成に中心的に取り組むことが求められる。このように、生涯学習を推進する多様な人材が育つ仕組みのあり方だけでなく、農業協同組合においてそれを生かすネットワークづくりを担う人材の育成が可能となるのか、今後研究を進めていくことが望まれる。

　第3には、農業高校の可視的次元での教育的価値の明示である。1872（明治5）年の「学制」公布から今日までの変遷の中で、高等学校農業教育の正の遺産の再認識と、新たな意識的再

構築が求められている。そして、各種報告書や答申の中で、職業教育が高等学校段階で完結するものではなく、生涯学習の視点を踏まえた教育として位置づけられていることから、一般教育的側面の深化が求められる一方で、本田氏のいう職業的レリバンス、すなわち職業能力の涵養を保った教育へと変化しなければその存在意義は脆弱なものとなってしまう。そのために、まず、「入り口＝インプット」に関して、高校選択の実態と高校入学までの軌跡を辿り、農業高校の入学者の実態を詳細に分析しなければならない。また、「出口＝アウトプット」に関して、就職・進学状況、産業別・職業別就職先、類型別求人状況の専門高校間の比較などにより、農業高校生の職業的レリバンスの低さの要因について明らかにしていかなければならない。以上のように、農業高校の職業的レリバンスに焦点をあて、その背景と課題についての解明が今後望まれる。

あとがき

　本書『生涯学習社会と農業教育』は、2008年3月に岡山大学大学院で学位を授与された博士論文（学位授与番号：博甲第3675号）に加筆・修正を加えたものである。

　各章の基礎となった主要な論文は次の通りである。

第Ⅰ章　地域における農業・農村体験学習のあり方
　佐々木正剛「生涯学習社会における農業協同組合の教育活動のあり方」『協同組合奨励研究報告第三十二輯』、pp.247-275、2006
第Ⅱ章　農業高校における一般教育としての農業教育のあり方
　佐々木正剛・小松泰信・横溝功「農業高校の今日的存在意義に関する一考察」『農林業問題研究』、第37巻、第2号、pp.84-93、2001
　佐々木正剛「農業高校における自然養鶏による食農教育に関する研究」『日本農業教育学会誌』、第34巻、第1号、pp.1-9、2003
第Ⅲ章　農業高校における職業教育のあり方
　　　―「新日本版デュアルシステム」の提案―
　佐々木正剛「我が国の中等教育における農業教育の変遷と今後の展望に関する研究」『平成１６年度産業教育内地留学研究報告書』、2005
　佐々木正剛「日本版デュアルシステムと農業高校の存在意義」『農業経営研究』、第43巻、第1号、pp.39-42、2006
第Ⅳ章　農業高校における職業教育としての起業家教育
　佐々木正剛・小松泰信・横溝功「農業高校における経営者能力を育む起業家教育」『岡山大学農学部学術報告』、vol.96、pp.65-70、2006
第Ⅴ章　ハイパー・メリトクラシー化の中での農業高校のあり方
　書き下ろし
第Ⅵ章　農業協同組合における教育活動のあり方

佐々木正剛「生涯学習社会における農業協同組合の教育活動のあり方」『協同組合奨励研究報告第三十二輯』、pp.247-275、2006

Seigo Sasaki, Yasunobu Komatsu, Isao Yokomizo, Management of "Ba" through the Educational Activities for the Union Members in JA、「ＪＡにおける組合員教育活動の「場」のマネジメント」『岡山大学農学部学術報告』、vol.95、pp.75-81、2006

*

　中国の古書『礼記』に、「玉不琢不成器　人不學不知道」（玉琢かざれば器と成らず　人學ばざれば道を知らず）という一節がある。これは、宝の山から掘り出された原石も、磨きをかけなければ立派な宝石にはならず、これと同様に人間も学問修養に励まなければ、物事の本質を知ることはできないという意味である。生涯学習社会の構築が叫ばれ、まさに生涯をかけて"学ぶ"ことをしなければならない現代にも通じる示唆に富んだ言葉である。

　そもそも、この"学ぶ"の語源は"まね（真似）ぶ"であり、私自身「鵜のまねをする烏」如く、先達の真似をして失敗を繰り返している。しかし、その失敗は"学ぶ"原動力となっている。特に、小松泰信先生（岡山大学大学院環境学研究科教授）、横溝功先生（岡山大学大学院環境学研究科教授）には、大学時代、そして大学を卒業して岡山県立高松農業高等学校で職を得てからも、さらに大学院時代と"学ぶ"機会を与えてくださった。これまでの研究成果を結実させることができたのは、両先生のおかげである。

小松泰信先生には、大学時代から今日まで一貫して直接ご指導、ご鞭撻を賜り、常に考え続けることの大切さを教えていただき、そして、知的好奇心と研究機会を与えていただいた。また、幅広い見識や発想を学ばせていただいたとともに、最後まで辛抱強く叱咤激励をしてくださった。先生なくしては現在の筆者はありえない。先生からいただいた学恩に報いるにはほど遠いが、今後とも厳しくご指導いただくことをお願いするばかりである。さらに、本書の出版に関しても仲介の労をとっていただいた。心から感謝申し上げたい。

　横溝功先生にも、大学時代より今日まで幅広い視野で客観的に捉えること、捉え直すことの重要性を学ばせていただいた。そして、常に温かい励ましと的確なご助言をいただき、研究における多くの課題とヒントを賜った。また、社会科学的な思考をトレーニングしていただき、さまざまな機会を通じて懇切丁寧なご指導をいただいた。深く感謝申し上げたい。

　また、佐藤豊信先生（岡山大学副学長）からは学位論文を作成するに際し、多くのご教示を賜った。記して感謝を申し上げたい。

　そして、ゼミを通して有益なご討論をいただいた岡山大学農学部食料情報システム学研究室の皆様、特に、研究室のメンバーであった西井賢悟氏（現社団法人長野県農協地域開発機構研究員）には、日頃から有益なご助言をいただいた。心からお礼申し上げたい。

　さらに、調査の中で多大なる協力を賜った皆様に衷心より感

謝申し上げるとともに、格別なるご配慮とご支援をいただいた岡山県立高松農業高等学校校長の渡邉領治先生、教師としての手本を示していただいた同校教諭の原敬一先生に深く感謝の意を表したい。また、ご縁あって出版の労をとっていただいた大学教育出版の佐藤守氏にもお礼の一言を付したい。

本書を世に送るにあたり、やや独りよがりではないかという不安を感じ、足が竦む思いがしないでもない。一方で、自ら投じた石から何らかの波紋が広がることを期待もしている。本書が、わずかでも農業教育の進展のための材料となり、また、研究内容やアプローチに対する忌憚のないご批判、ご教示をいただければ幸いである。そして、これからも"学ぶ"気持ちを忘れずに精進したい。

最後に、私事になるが、常に励まし支えてくれた妻と両親、そして家族に心から感謝する。

2008年5月

佐々木正剛

■著者紹介

佐々木　正剛（ささき　せいご）
　1978年生まれ
　岡山大学農学部卒業
　岡山県立高松農業高校教諭
　岡山大学大学院環境学研究科博士後期課程修了
　博士（学術）
　現在　岡山県立久世高等学校教諭

生涯学習社会と農業教育

2008年6月30日　初版第1刷発行

■著　　者──佐々木正剛
■発　行　者──佐藤　守
■発　行　所──株式会社 大学教育出版
　　　　　　　〒700-0953　岡山市西市855-4
　　　　　　　電話(086)244-1268代　FAX(086)246-0294
■印刷製本──サンコー印刷㈱
■装　　丁──ティーボーンデザイン事務所

©Seigo Sasaki 2008, Printed in Japan
検印省略　　落丁・乱丁本はお取り替えいたします。
無断で本書の一部または全部を複写・複製することは禁じられています。

ISBN978-4-88730-843-5